21 世纪全国高职高专机电系列技能型规划教材·机械制造类

江苏省高等学校重点教材

# 三维机械设计项目教程
# (UG 版)

主　编　龚肖新　慕　灿　温贻芳

北京大学出版社
PEKING UNIVERSITY PRESS

# 内 容 简 介

UG NX 6 是 SIEMENS 公司推出的功能强大、闻名遐迩的 CAD/CAE/CAM 一体化软件，其内容博大精深，是全球应用最广泛、最优秀的大型计算机辅助设计、制造和分析软件之一，广泛应用于航天、航空、汽车、模具、通用机械及家用电器等领域。

本书是由校企合作共同编写的项目式教材，共划分为 5 个模块，设置 11 个项目，内容覆盖了 UG NX 6 中 CAD 部分的主要功能，包括草图绘制、曲线创建、实体建模、曲面建模、工程制图和部件装配等，同时引入企业工程项目使教学内容贴近生产实际。本书采用由浅入深的递进方式编写，有利于教师的指导，也符合学生的认知规律。

本书可作为高职高专院校机械、机电类等专业的辅助教材，也可供企业从事产品设计的广大工程技术人员参考。

**图书在版编目(CIP)数据**

三维机械设计项目教程：UG 版/龚肖新，慕灿，温贻芳主编. —北京：北京大学出版社，2014.9
(21 世纪全国高职高专机电系列技能型规划教材)
ISBN 978-7-301-24536-1

Ⅰ. ①三… Ⅱ. ①龚…②慕…③温… Ⅲ. ①机械设计—计算机辅助设计—应用软件—高等职业教育—教材 Ⅳ. ①TH122

中国版本图书馆 CIP 数据核字(2014)第 164204 号

| | |
|---|---|
| 书　　　　名：| 三维机械设计项目教程(UG 版) |
| 著作责任者：| 龚肖新　慕　灿　温贻芳　主编 |
| 策 划 编 辑：| 邢　琛 |
| 责 任 编 辑：| 邢　琛 |
| 标 准 书 号：| ISBN 978-7-301-24536-1/TH·0399 |
| 出 版 发 行：| 北京大学出版社 |
| 地　　　　址：| 北京市海淀区成府路 205 号　100871 |
| 网　　　　址：| http://www.pup.cn　新浪官方微博：@北京大学出版社 |
| 电 子 信 箱：| pup_6@163.com |
| 电　　　　话：| 邮购部 62752015　发行部 62750672　编辑部 62750667　出版部 62754962 |
| 印 刷 者：| 北京虎彩文化传播有限公司 |
| 经 销 者：| 新华书店 |

787 毫米×1092 毫米　16 开本　19 印张　441 千字
2014 年 9 月第 1 版　　2019 年 7 月第 2 次印刷

定　　　　价：45.00 元　(附 DVD 光盘 1 张)

# 前　　言

Unigraphics(简称 UG)是美国 EDS 公司推出的一套集 CAD/CAE/CAM 于一体的软件系统。它的功能覆盖了从概念设计到产品生产的整个过程，是全球应用最广泛、最优秀的大型计算机辅助设计、制造和分析软件之一，广泛应用于航天、航空、汽车、模具、通用机械和家用电器等领域。它提供了强大的实体建模技术、高效能的曲面建构功能，能够完成复杂的造型设计，还可以实现工程制图、装配及辅助制造等功能。

本书通过校企合作，由具有丰富实践和教学经验的"双师"团队编写，在内容的设计编排上体现的特点是：项目导入、理实一体、重视基础、强化实训、实例丰富、贴近生产。学习内容由浅入深，从易到难，技能训练由单项到综合，学习领域从学校到企业。

本书以 UG NX 6 为基础，共划分为 5 个模块，设置 11 个项目，具体包括以下内容。

模块一介绍典型机械零件的三维实体建模，包括以下项目。

项目 1：车床尾座顶尖的建模。熟悉 UG NX 6 工作界面，掌握系统基本工具及常用菜单命令，应用基本体素特征工具实现车床尾座顶针等实体建模。

项目 2：连杆的建模。掌握草图操作步骤，熟悉草图几何和尺寸约束的创建方法，熟练使用草图功能，使用拉伸、回转、边倒圆等特征功能，创建连杆等零件的实体模型。

项目 3：弹簧的建模。熟悉基本曲线和复杂曲线的创建方法，运用曲线绘制、操作和编辑等命令创建曲线，综合应用曲线功能和扫掠特征等命令，创建弹簧等实体模型。

项目 4：轴的建模。熟悉基准特征的创建方法，掌握附加设计特征相关命令的使用，通过草图、基准面、凸台、键槽、坡口焊、孔、螺纹创建等操作，完成轴等实体建模。

项目 5：斜管座体的建模。通过草图绘制、基准平面和基准轴的创建，综合应用拔模、抽壳、阵列、镜像等特征操作命令完成座体类零件实体建模。

模块二介绍曲面类产品的三维实体建模，包括以下项目。

项目 6：电热杯体的建模。掌握"通过曲线组"命令，综合运用有界平面、修建片体、缝合、加厚或抽壳等命令完成电热杯体曲面模型创建。

项目 7：五角星体的建模。掌握"直纹"命令，综合应用直纹、有界平面和抽壳特征等指令创建五角星体模型，运用同步建模、垫块、拉伸和抽壳等指令，创建三星头盔模型。

项目 8：吸顶灯罩体的建模。掌握"通过曲线网格"命令，综合应用草图、曲线、扫掠、曲线网格、直纹、修剪体、缝合和抽壳等功能指令，完成吸顶灯罩体模型的创建。

模块三介绍机械零件的工程制图，包括以下项目。

项目 9：叉架工程制图。了解 UG NX 6 制图模块的基本功能及应用，熟悉工程图管理、视图操作、工程图标注的基本操作方法，完成叉架等零件的工程制图及标注。

模块四介绍常用机构的装配，包括以下项目。

项目 10：管钳装配。了解 UG NX 6 装配概念及基本方法，熟悉引用集、装配导航器，熟练运用组件处理和装配约束等功能，完成管钳的装配，创建爆炸图和装配工程图。

模块五介绍企业案例综合实践，包括以下项目。

项目 11：自动送料冲压机构建模与装配。了解 UG NX 6 在企业工程案例中的应用，掌握典型机构的建模和装配的综合应用。按照零件图要求，完成机构组成零件的草图绘制和实体建模；按照装配要求，完成自动送料冲压机构的子装配和总体装配。

上述每个具体项目均以典型产品的实用领域为前导，通过任务导入、任务分析、任务知识点学习、实践操作、任务小结等环节，引导学习者"在做中学"，强调以工作任务为载体设计教学过程。对应每个项目的后续学习，还安排了拓展实训、理论基础和操作练习题，方便读者巩固相关知识，提升实践技能。

本书图文并茂、语言简练、思路清晰，另外还提供了操作练习的模型和视频文件。本书可作为职业技术院校机械、机电、自动化等专业的实用教材，也可作为企业工程技术人员的参考工具书。本书所有相关原始文件均在附赠光盘中。

《三维机械设计项目教程(UG 版)》各项目推荐教学课时数安排如下。

| 序号 | 模块划分 | 项目名称 | | 学时 | |
|---|---|---|---|---|---|
| 1 | 典型机械零件的三维实体建模 | 项目 1 | 车床尾座顶尖的建模 | 2 | 24 |
| | | 项目 2 | 连杆的建模 | 4 | |
| | | 项目 3 | 弹簧的建模 | 4 | |
| | | 项目 4 | 轴的建模 | 6 | |
| | | 项目 5 | 斜管座体的建模 | 8 | |
| 2 | 曲面类产品的三维实体建模 | 项目 6 | 电热杯体的建模 | 4 | 10 |
| | | 项目 7 | 五角星体的建模 | 2 | |
| | | 项目 8 | 吸顶灯罩体的建模 | 4 | |
| 3 | 机械零件的工程制图 | 项目 9 | 叉架工程制图 | 4 | |
| 4 | 常用机构的装配 | 项目 10 | 管钳装配 | 4 | |
| 5 | 企业案例综合实践 | 项目 11 | 自动送料冲压机构建模与装配 | 6 | |
| 总 计 | | | | 48 | |

本书由苏州工业职业技术学院龚肖新、温贻芳、阜阳职业技术学院慕灿主编，由苏州瑞思机电科技有限公司仲秋平、苏州工业职业技术学院葛晓忠、陈歆参编。全书由龚肖新统稿。

本书编写过程中得到了苏州瑞思机电科技有限公司和苏州维捷自动化设备有限公司等企业的支持与帮助，在此向他们表示衷心的感谢！

限于编者水平，书中不足之处在所难免，恳请广大读者提出宝贵意见。

编　者
2014 年 2 月

# 目　录

# 模块一

## 典型机械零件的三维实体建模

# 项目 1

# 车床尾座顶尖的建模

## 学习目标

通过本项目的学习，了解产品设计工作流程，熟悉 UG NX 6 工作界面，掌握系统基本工具及常用菜单命令；能应用基本体素特征和倒斜角特征等工具，实现车床尾座顶尖的建模。

## 学习要求

| 能力目标 | 知识要点 | 权重 |
| --- | --- | --- |
| 能认识 UG NX 6 软件的应用特点，能完成最基本的操作 | 了解 UG NX 6 软件的特点；熟悉 UG NX 的基本操作界面 | 20% |
| 能够初步了解文件管理、模型显示、工作环境设置、图层设置、坐标系变换等基本功能的运用 | 掌握建立、保存 UG 文件的方法；熟悉 UG NX 6 常用工具 | 50% |
| 运用基本体素特征和倒斜角特征工具，实现车床尾座顶尖建模 | 掌握基本体素特征和倒斜角特征等常用工具的使用方法 | 30% |

## 引例

在加工长轴套类零件时，可以利用车床尾座上安装的顶尖顶住轴的另一端，防止工件夹不住因车加工时受横向力掉下来。因此，在加工回转类零件时，只需根据工件结构，更换不同规格型号的顶尖头或锥堵，即可实现轴或套类零件以不同尺寸孔作基准时的定位需要，如图 1.1 所示。

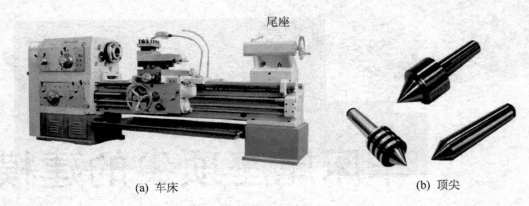

尾座

(a) 车床　　　　　　　　　　　(b) 顶尖

图 1.1　车床尾座顶尖实际应用

# 1.1　任 务 导 入

　　根据图 1.2 所示的车床尾座顶尖平面图形建立其三维模型。通过该项目的训练，熟悉 UG NX 6 的建模界面和基本工具的使用，掌握利用基本体素特征和倒斜角特征快速建立简单模型的方法。

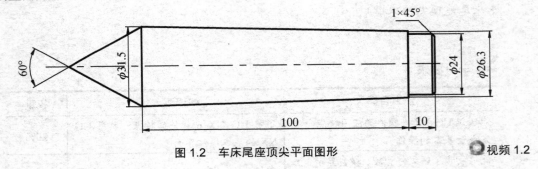

图 1.2　车床尾座顶尖平面图形　　　　　　　● 视频 1.2

# 1.2　任 务 分 析

　　图 1.2 所示为车床尾座顶尖的平面图形，该零件尾端台阶轴带有倒角，中间为莫氏锥度 4 号的圆锥体，顶尖是 60° 圆锥体。建立本模型的关键是要构造好圆柱形台阶轴和圆锥体模型，并组合成一个完整的三维模型，且对尾端进行倒角处理。

# 1.3　任 务 知 识 点

### 1.3.1　UG 软件的特点与功能

**1．UG 软件的特点**

　　UG 是当今最先进的计算机辅助设计、分析和制造软件，广泛应用于航空航天、汽车、造船、通用机械和电子等工业领域。UG 提供了一个基于过程的产品设计环境，使产品开发从设计到加工真正实现了数据的无缝集成，从而优化了企业的产品设计与制造。

### 2．UG 的功能模块

(1) CAD(Computer Aided Design，计算机辅助设计)主要包括实体建模、自由曲面建模、工程制图、装配建模等模块。

(2) CAM(Computer Aided Manufacturing，计算机辅助制造)主要包括加工基础、后处理、型芯和型腔铣削、线切割等模块。

(3) CAE(Computer Aided Engineering，计算机辅助工程)主要包括机构运动及运动力学分析、结构分析、注塑流体仿真等模块。

### 3．UG 产品设计过程

第一步，设计前的准备。阅读设计项目，了解设计目的，收集设计中所需的数据。

第二步，充分地理解设计模型。了解主要的设计参数、结构以及约束等。

第三步，关键结构的设计。设计产品的主体结构，如产品轮廓、轴线和定位孔等。

第四步，零件的相关设计。主体结构设计完成后，需要单独设计每个零件的结构。

第五步，细节的处理。模型设计完成后，对细节进行修改，以达到产品设计要求。

## 1.3.2　UG NX 6 工作界面

### 1．启动 UG NX 6

启动 UG NX 6 中文版，常用的方法有以下两种。

(1) 双击桌面上 UG NX 6 的快捷方式图标，便可启动 UG NX 6 中文版。

(2) 执行"开始" | "所有程序" | UGS NX 6 | NX 6 命令，启动 UG NX 6 中文版。UG NX 6 中文版启动界面如图 1.3 所示。

### 2．操作界面

启动 UG NX 6 后，执行"文件" | "新建"命令或单击工具栏中的"新建"按钮，均可打开"新建"对话框，如图 1.4 所示。选择默认的新建文件类型("模型")，单击"确定"按钮打开建模操作界面。

执行"文件" | "打开"命令或单击工具栏中的"打开"按钮，选择模型零件，进入UG NX 6 的操作界面，如图 1.5 所示。

### 3．部件导航器

UG NX 6 提供了一个功能强大、方便使用的编辑工具——部件导航器，如图 1.6 所示。它通过一个独立的窗口，以一种树形格式(特征树)可视化地显示模型中特征与特征之间的关系，并可以对各种特征实施编辑操作，其操作结果可以通过图形窗口中模型的更新显示出来。

新建UG文件

选择角色功能

打开以前操作
的UG文件

提供基本
帮助信息

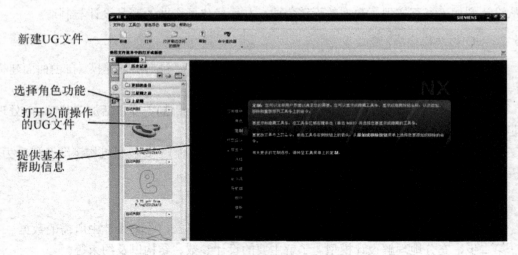

图 1.3　UG NX 6 中文版启动界面

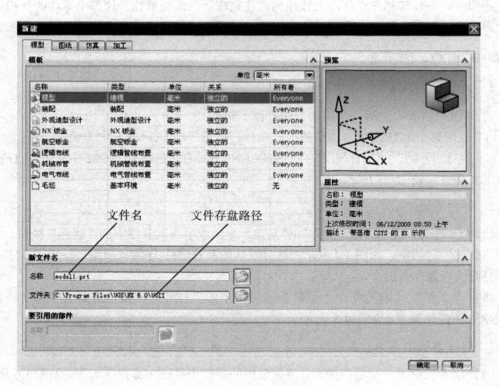

图 1.4　"新建"对话框

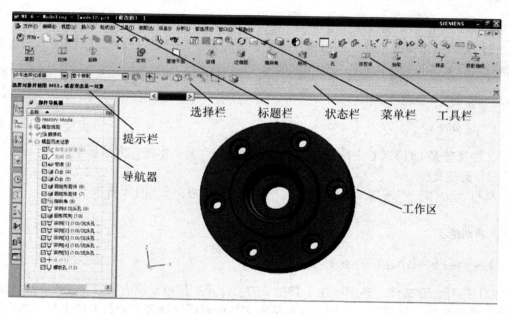

图 1.5　UG NX 6 的操作界面

(1) 特征树中的图标的含义。

① ⊞、⊟分别代表以折叠或展开方式显示特征。

② ☑表示在图形窗口中显示特征。

③ ☐表示在图形窗口中隐藏特征。

④ 🐛、🔷等：在每个特征名前面，以彩色图标形象地表明特征的所属类别。

(2) 在特征树中选取特征。

① 选择单个特征：在特征名上单击。

② 选择多个特征：选取连续的多个特征时，单击选取第一个特征，按住 Shift 键在要选取的最后一个特征上单击，或者选取第一个特征后，按住 Shift 键的同时移动光标来选择连续的多个特征。选择非连续的多个特征时，单击选取第一个特征，按住 Ctrl 键的同时在要选择的特征名上单击即可。

图 1.6　部件导航器

③ 从选定的多个特征中排除特征：按住 Ctrl 键的同时在要排除的特征名上单击。

(3) 编辑操作快捷菜单。利用部件导航器的编辑特征，通过操作其快捷菜单来实现。例如右击要编辑的某特征名，将弹出快捷菜单。

### 1.3.3　UG NX 6 的基本操作

#### 1．文件管理

文件管理是 UG NX 6 中最为基本和常用的操作，其基本操作方法如下。

(1) 新建文件

执行"文件"|"新建"命令，打开"新建"对话框，如图 1.4 所示。

 **特别提示**

文件名和文件存放路径中都不能含有汉字。

(2) 打开已有文件。单击标注工具栏上的"打开"按钮，或者执行"文件"|"打开"命令，系统弹出"打开"对话框，在对话框文件列表框中选择需要打开的文件，单击 OK 按钮即可打开选中的文件。

(3) 保存文件。一般建模过程中，为避免意外事故发生造成文件的丢失，通常需要用户及时保存文件。UG NX 6 中常用的保存方式有 4 种：①直接保存；②仅保存工作部件；③另存为；④全部保存。

(4) 导入文件。导入文件是指把系统外的文件导入到 UG NX 6 系统。UG NX 6 提供了多种格式的导入形式，包括 DXF/DWG、CGM、VRML、IGES、STEP203、STEP214、CATIA V4、CATIA V5、Pro/E 等。

(5) 导出文件。UG NX 6 导出文件与导入文件类似，利用导出功能可将现有模型导出为支持其他类型的文件。UG NX 6 中提供了 20 余种导出文件格式。

#### 2．模型显示

用 UG NX 6 建模时，用户可以利用"视图"工具栏中的各项命令进行窗口显示方式的控制和操作，如图 1.7 所示。

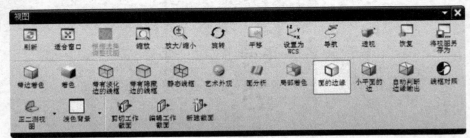

图 1.7　"视图"工具栏

其中各按钮的含义见表 1-1。

表1-1 "视图"工具栏按钮的含义

| 按钮 | 含 义 |
|---|---|
| | 刷新：刷新视图，重画在显示中可能消失或不完整的直线和曲线 |
| | 适合窗口：调整工作视图的中心和比例，以在屏幕中显示所有对象 |
| | 根据选择调整视图：使工作视图适合当前选定的对象 |
| | 缩放：通过单击并拖动鼠标来创建一个矩形边界，从而放大视图中的某一特定区域 |
| | 放大/缩小：通过单击并上下移动鼠标来放大/缩小视图 |
| | 旋转：通过单击并拖动鼠标旋转视图 |
| | 平移：通过单击并拖动鼠标平移视图 |
| | 设置为WCS：将工作视图定向到WCS的$XC$-$YC$平面 |
| | 导航：将工作视图更改为透视视图，然后通过单击并拖动鼠标像虚拟观察者一样在模型的周围和中间移动 |
| | 透视：将工作视图从平行投影更改为透视投影 |
| | 恢复：将工作视图恢复为上次视图操作之前的方位和比例 |
| | 将视图另存为：打开"保存工作视图"对话框，系统创建该工作视图的副本并以新名称将其保存 |
| | 带边着色：用光顺着色和边缘几何体渲染面 |
| | 着色：仅用光顺着色渲染面 |
| | 带有淡化边的线框：仅用边缘几何体显示对象。隐藏的边将变暗，并且当视图旋转时动态更新 |
| | 带有隐藏边的线框：仅用边缘几何体显示对象。隐藏不可见并在旋转视图时动态更新的边 |
| | 静态线框：仅用边缘几何体显示对象 |
| | 艺术外观：根据指定的材料、纹理和光源布局显示面 |
| | 面分析：显示选定面上的表面分析数据，剩余的面仅由边缘几何体表示 |
| | 局部着色：选定曲面对象由小平面几何体表示，这些几何体通过光顺着色和打光渲染，其余的曲面对象由边缘几何体表示 |
| | 面的边缘：显示工作视图中着色面的边 |
| | 小平面的边：显示为着色面所渲染的三角形小平面的边或轮廓 |
| | 自动判断边缘输出：使打印或绘制的输出按其在图形窗口中的外观显示 |
| | 线框对照：调整线框模型中的颜色，以便与背景颜色形成最大对比 |

续表

| 按钮 | 含 义 |
|---|---|
| | 视图方向：定位视图以便与选定视图方向对齐。选项有以下几个。<br> 正二测视图　 俯视图　 正等测视图　 左视图<br> 前视图　 右视图　 后视图　 仰视图 |
| | 背景色：将背景更改为预设颜色显示 |
| | 剪切工作截面：启用视图剖切 |
| | 编辑工作截面：编辑工作视图截面或者在没有截面的情况下创建新的截面 |
| | 新建截面：为视图创建新的截面 |

3. 鼠标和键盘的使用

(1) 单击鼠标左键：选择菜单并选择对话框中的选项。

(2) 单击鼠标中键：在单击"确认"或"应用"按钮之前，在对话框(显示为绿色)中的所有必要步骤之间切换。

(3) 单击鼠标中键：在完成所有必要步骤之后，执行功能相当于单击"确认"或"应用"按钮(显示为绿色)的操作。

(4) 按 Alt 键并单击鼠标中键：取消。

(5) 在文本框中右击：显示"剪切"、"复制"、"粘贴"等弹出式菜单。

(6) 按住 Shift 键并在列表框中单击鼠标中键：选择相邻的项目。

(7) 按住 Ctrl 键并在列表框中单击鼠标中键：选择或取消非邻近的项目。

(8) 旋转鼠标滚轮：当光标下的点是静态时，缩放模型。

(9) 在图形区域(而非模型)上单击鼠标右键，或按住 Ctrl 键并在图形区域的任意处右击：启动"视图"弹出菜单。

(10) 在对象上右击：启动特定对象的弹出菜单。

(11) 在对象上双击：为对象调用"默认操作"。

(12) 按住鼠标中键并在视图中拖动：旋转视图。

(13) 在视图中拖动鼠标中键+鼠标右键，或按住 Shift 键并单击鼠标中键：平移视图。

(14) 在视图中拖动鼠标中键+鼠标左键，或按住 Ctrl 键并单击鼠标中键：放大视图。

(15) 按 Home 键：将工作视图定位于正二测视图。

(16) 按 End 键：将工作视图定位于正等测视图。

### 1.3.4　工作环境设定

1. 背景颜色设定

(1) 执行"首选项"|"背景"命令，打开"编辑背景"对话框，如图 1.8 所示。

(2) 处于实体建模工作状态，在"着色视图"选项区域，选中"渐变"单选按钮，分别单击"顶部"、"底部"对应的颜色框，弹出"颜色"对话框，如图 1.9 所示，单击拟更改的颜色后单击"确定"按钮，完成修改，背景色将变为设定的颜色。

图 1.8　"编辑背景"对话框

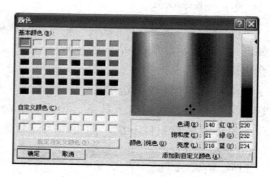

图 1.9　"颜色"对话框

**2. 可视化部件颜色设定**

(1) 执行"首选项"|"可视化"命令，打开"可视化首选项"对话框，打开"颜色设置"选项卡，如图 1.10 所示。

(2) 分别单击"预选"、"选择"、"隐藏几何体"对应的颜色框，弹出"颜色"对话框，单击拟更改的颜色，两次单击"确定"按钮完成修改。

(3) 将鼠标再次移近模型，模型上光标所指之处变成设定的"预选"颜色。单击实体上任意一个几何要素，该要素由"预选"的颜色变成"选择"的颜色。

**3. 工作对象颜色设定**

选择要设定颜色的对象，执行"编辑"|"对象显示"命令，系统弹出"编辑对象显示"对话框，打开"常规"选项卡，如图 1.11 所示。单击拟更改的颜色，两次单击"确定"按钮完成修改。

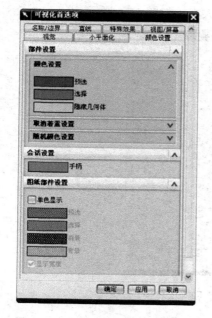

图 1.10　"可视化首选项"对话框

图 1.11　"常规"选项卡

4. 工具条设置

(1) 执行"工具"|"定制"命令，系统弹出"定制"对话框，打开"工具条"选项卡，如图 1.12 所示。选择所需的工具条，并在该工具条名称前面方框中打"√"，该工具条将会出现在屏幕上。

(2) 打开"命令"选项卡，在"类别"选项区域中选择相应的项目，右边的"命令"选项区域将变为对应的工具条选项。将"命令"选项区域中所需的命令按钮拖放至工具条或菜单中后释放鼠标左键，即可添加该命令按钮，如图 1.13 所示。

图 1.12　"工具条"选项卡

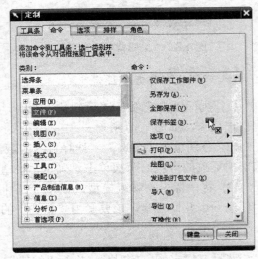

图 1.13　工具条定制方法

(3) 打开"选项"选项卡，在对话框的上半部分可以设定菜单的显示方式及提示功能，在对话框的下半部分可以设置工具条和菜单图标的大小，如图 1.14 所示。

图 1.14　个性化设置"菜单"和"工具条"

5. 图层操作

(1) 图层简介。图层是指放置模型对象的不同层次，为了方便对模型对象的管理，可设置不同的层，原则上任何对象都可以根据不同需要放置到任何一个图层中。其作用就是在进行复杂特征建模时可以方便地进行模型对象的管理。

UG NX 6 系统中最多可以设置 256 个图层，其中第 1 层作为默认工作层，每个层上可以放置任意数量的模型对象。在每个组件的所有图层中，只能设置一个图层为工作图层，所有的工作只能在工作图层上进行。其他图层可以对其状态进行以下设置来辅助建模工作。

① 可选：该层上的几何对象和视图是可选择的(必可见的)。

② 不可见：该层上的几何对象和视图是不可见的(必不可选择的)。

③ 仅可见：该层上的几何对象和视图是只可见的，但不可选择。

④ 作为工作层：是对象被创建的层，该层上的几何对象和视图是可见的和可选的。

在 UG NX 6 中，图层的有关操作集中在"格式"菜单和"实用工具"工具栏中，如图 1.15 和图 1.16 所示。

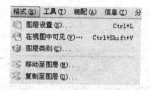

**图 1.15　"格式"菜单**

**图 1.16　"实用工具"工具栏**

(2) 图层设置。该命令的作用是在创建模型前，根据实际需要、用户使用习惯和创建对象类型的不同对图层进行设置。

执行"格式"|"图层设置"命令，打开"图层设置"对话框，如图 1.17 所示，可在其中设置图层状态。利用该对话框，可以对部件中所有图层或任意一个图层进行"设为可选"、"设为工作图层"、"设为仅可见"等设置，还可以进行图层信息查询，也可以对图层所属的种类进行编辑操作。

① 设置工作层。在"图层设置"对话框的"工作图层"文本框中输入层号(1～256)，单击"设为工作层"按钮，则该层变成工作层，原工作层变成可选层。

**特别提示**

设置工作层的简单方法是在"实用工具"工具条工作层列表框中直接输入层号并按 Enter 键。

② 设置层的其他状态。在"图层设置"对话框的"图层"列表框中选择欲设置状态的层，这时"图层控制"下边的所有按钮被激活，单击相应的按钮，即可设置为该状态，每个层只能有一种状态。

(3) 图层在视图中的可见性。执行"格式"|"在视图中的可见"命令，或单击"实用工具"工具栏中的按钮，弹出如图 1.18 所示的"视图中的可见图层"视图选择对话框。单击"确定"按钮，则弹出如图 1.19 所示的"视图中的可见图层"对话框，在该对话框中可以设置图层可见或不可见。

图 1.17　"图层设置"对话框

图 1.18　"视图中的可见图层"视图选择对话框

(4) 图层类别。执行"格式"|"图层类别"命令或单击"实用工具"工具栏中的按钮，或按快捷键 Shift+Ctrl+V，系统弹出"图层类别"对话框，如图 1.20 所示。对话框中各选项的含义见表 1-2。

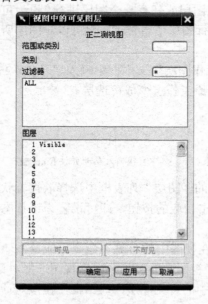

图 1.19　"视图中的可见图层"对话框

图 1.20　"图层类别"对话框

表 1-2    "图层类别"对话框中各选项的含义

| 选　项 | 含　义 | 选　项 | 含　义 |
|---|---|---|---|
| 图层类列表 | 显示满足过滤条件的所有图层类条目 | 删除 | 删除选定的图层类 |
| 过滤器 | 控制"图层类别"列表框中显示的图层类条目，可使用通配符 | 重命名 | 改变选定的一个图层类的名称 |
| 类别 | 在"类别"文本框中可输入要建立的图层类名 | 描述 | 显示图层类描述信息或输入图层类的描述信息 |
| 创建/编辑 | 建立或编辑图层类。主要是建立新的图层类，并设置该图层类所包含的图层和编辑该图层 | 加入描述 | 如果要在"描述"文本框中输入信息，就必须单击"加入描述"按钮，这样才能使描述信息生效 |

(5) 移动至图层。该命令是指将选定的对象从一个图层移动到指定的另一个图层，原图层中不再包含选定的对象。

执行"格式"|"移动至图层"命令，打开"类选择"对话框，如图 1.21 所示。在该对话框中选取需移动图层的对象，系统弹出"图层移动"对话框，如图 1.22 所示。在"目标图层或类别"文本框中输入目标图层名称，单击"确定"按钮即可完成操作。

(6) 复制至图层。该命令是指将选取的对象从一个图层复制一个备份到指定的图层。其操作方法与"移动至图层"类似，二者的不同点在于执行"复制至图层"操作后，选取的对象同时存在原图层和指定的图层中。

图 1.21    "类选择"对话框

图 1.22    "图层移动"对话框

### 1.3.5    UG NX 6 的常用工具

1. 点构造器

该工具用于根据需要捕捉已有的点或创建新点。在 UG NX 6 的功能操作中，许多功能都需要利用"点"对话框来定义点的位置。

单击工具栏中的**十**按钮或者执行"插入"|"基准/点"|"点"命令，打开"点"对话框，如图 1.23 所示。对话框中各选项的含义说明见表 1-3。在不同的情况下，"点"对话框的形式和所包含的内容可能会有所差别。

图 1.23 "点"对话框

表 1-3 "点"对话框各选项的含义

| 区域 | 选 项 | 含 义 |
|---|---|---|
| 类型 | 自动判断的点 | 系统使用单个选择来指定点，所以自动推断的选项被局限于光标位置、现有点、终点、控制点及圆弧中心/椭圆中心/球心 |
| | 光标位置 | 在光标的位置指定一个位置，位于 WCS 的平面中。可使用网格快速准确地定位点 |
| | 现有点 | 通过选择一个现有点对象来指定一个位置 |
| | 终点 | 在现有的直线、圆弧、二次曲线及其他曲线的端点指定一个位置 |
| | 控制点 | 在几何对象的控制点指定一个位置 |
| | 交点 | 在两条曲线的交点或一条曲线和一个曲面或平面的交点处指定一个位置 |
| | 圆弧中心/椭圆中心/球心 | 在圆弧、椭圆、圆或球的中心指定一个位置 |
| | 圆弧/椭圆上的角度 | 在沿着圆弧或椭圆与 XC 轴成一角度的位置指定一个位置，在 WCS 中按逆时针方向测量角度 |
| | 象限点 | 在一个圆弧或一个椭圆的四分点指定一个位置。用户还可以在一个圆弧未构建的部分(或外延)定义一个点 |
| | 点在曲线/边上 | 在曲线或边上指定一个位置 |
| | 面上的点 | 指定面上的一个点 |

续表

| 区域 | 选 项 | 含 义 |
|---|---|---|
| 类型 | 两点之间 | 在两点之间指定一个位置 |
| | 按表达式 | 使用点类型的表达式指定点 |
| 点位置 | 选择对象 | 用于选择点 |
| 坐标 | 相对于 WCS | 指定相对于工作坐标系(WCS)的点。用户可以直接在文本框中输入点的坐标值，单击"确定"按钮，系统会自动按照输入的坐标值生成点 |
| | 绝对 | 指定相对于绝对坐标系的点。用户可以直接在文本框中输入点的坐标值，单击"确定"按钮，系统会自动按照输入的坐标值生成点 |
| | X、Y 和 Z | 指定点坐标。要为点添加引用、函数或公式，可使用参数输入选项 |
| 设置 | 关联 | 使该点与其父特征相关联 |

### 2. 基准轴

在 UG NX 6 中建模时，经常用基准轴来构造矢量方向，例如创建实体时的生成方向、投影方向、特征生成方向等。在此，有必要对矢量构造器进行介绍。

矢量构造功能通常是其他功能中的一个子功能，系统会自动判定得到矢量方向。如果需要以其他方向作为矢量方向，单击"方向"下三角按钮，打开"矢量"对话框，如图 1.24 所示。该对话框列出了可以建立的矢量方向的各项功能。

用户可以用以下 15 种方式构造一个矢量。

(1) 自动判断的矢量：用于根据选择的对象自动判断定义矢量。

(2) 两点：在任意两点之间指定一个矢量。

(3) 与 XC 成一角度：用于在 XC-YC 平面中，与 XC 轴成指定角度处指定一个矢量。

(4) 曲线/轴矢量：该选项用于在曲线、边缘或圆弧起始处指定一个与该曲线或边缘相切的矢量。如果是完整的圆，将在圆心并垂直于圆面的位置处定义矢量。如果是圆弧，将在垂直于圆弧面并通过圆弧中心的位置处定义矢量。

(5) 在曲线矢量上：该选项用于在曲线上的任意点指定一个与曲线相切的矢量。可按照圆弧长或圆弧百分比指定位置。

(6) 面/平面法向：指定与基准面或平面的法向平行或与圆柱面的轴平行的矢量。

(7) XC 轴：用于指定一个与现有 CSYS 的 XC 轴或 X 轴平行的矢量。

(8) YC 轴：用于指定一个与现有 CSYS 的 YC 轴或 Y 轴平行的矢量。

(9) ZC 轴：用于指定一个与现有 CSYS 的 ZC 轴或 Z 轴平行的矢量。

(10) -XC 轴：用于指定一个与现有 CSYS 的-XC 轴或-X 轴平行的矢量。

(11) -YC 轴：用于指定一个与现有 CSYS 的-YC 轴或-Y 轴平行的矢量。

(12) -ZC 轴：用于指定一个与现有 CSYS 的-ZC 轴或-Z 轴平行的矢量。

(13) 视图方向：指定与当前工作视图平行的矢量。

(14) 按系数：按系数指定一个矢量。

(15) 按表达式：使用矢量类型的表达式来指定矢量。

**特别提示**

单击"反向"按钮，即可反转矢量的方向。

3. 类选择器

在建模过程中，经常需要选择对象，特别是在复杂的建模中，用鼠标直接操作难度较大。因此，有必要在系统中设置筛选功能。UG NX 6 中提供了类选择器，可以从多选项中筛选所需的特征。类选择器不是单独使用的，而是在其他操作中需要选择对象的时候才会出现。

执行"信息"|"对象"命令，打开"类选择"对话框，如图 1.25 所示。

"类选择"对话框中各选项的含义说明如下。

(1) 对象。

① 选择对象：使用当前过滤器、鼠标及选择规则来选择对象。

② 全选：根据对象过滤器设置，在工作视图中选择所有可见对象。

③ 反向选择：取消选择所有选定对象，并选择之前未被选中的对象。

图 1.24 "矢量"对话框

图 1.25 "类选择"对话框

(2) 其他选择方法。

① 按名称选择：根据指定的对象名称选择单个对象或一系列对象。用户可以替换以下文字字符的通配符以选择一个范围的对象。

？表示除句号以外的任何单字符。

\* 表示任何字符串，包括具有句号的字符串和空字符串。

② 选择链：选择连接的对象、线框几何体或实体边缘。

③ 向上一级：此选项可以将选定组件或组在层次结构中上移一级。

(3) 过滤器。

① 类型过滤器：该过滤器是通过指定对象的类型，限制对象的选择范围。单击"类型过滤器"按钮，打开"根据类型选择"对话框，如图 1.26 所示，利用该对话框可以对曲线、平面、实体等类型进行限制。有些类型还可以进行进一步的限制，例如选择"曲线"选项，单击"细节过滤"按钮，系统弹出如图 1.27 所示对话框，即可对曲线进行进一步的限制。

图 1.26　"根据类型选择"对话框

图 1.27　"曲线过滤器"对话框

② 图层过滤器：该过滤器是通过指定图层来限制选择对象的。单击"图层过滤器"按钮，打开"根据图层选择"对话框，如图 1.28 所示，应用该对话框可以在对象选择的时候设置包括或者排除的层。

③ 颜色过滤器：该过滤器是通过设定颜色来限制对象的选取的。设定选择以后，颜色相同的对象将被选定。单击"图层过滤器"按钮，打开"颜色"对话框，如图 1.29 所示，应用该对话框可以在对象选择时设置包括选定颜色的层。

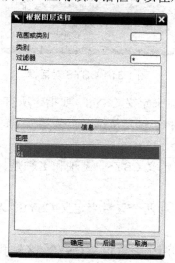

图 1.28　"根据图层选择"对话框

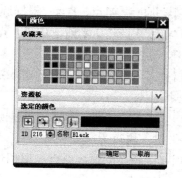

图 1.29　"颜色"对话框

④ 属性过滤器：该过滤器是通过设定属性来限制对象的选取的。单击"属性过滤器"按钮 ，打开"按属性选择"对话框，如图 1.30 所示，应用该对话框可以在对象选择时设置属性。

**4. 坐标系**

UG NX 6 系统提供了两种常用的坐标系，分别为绝对坐标系 ACS(Absolute Coordinate System)和工作坐标系 WCS(Work Coordinate System)。二者都遵守右手定则，其中绝对坐标系是系统默认的坐标系，其原点位置是固定不变的，即无法进行变化。而工作坐标系是系统提供给用户的坐标系，在实际建模过程中可以根据需要发生构造、移动和旋转变化，同时还可以对坐标系本身进行保存、显示或隐藏等操作，下面将介绍工作坐标系的构造和变化等操作方法。

(1) 构造坐标系。构造坐标系是指根据需要在视图区创建或平移坐标系，同点和矢量的构造类似。在菜单栏中执行"视图"|"方位"命令，打开 CSYS 对话框，如图 1.31 所示。在该对话框中，列出了新建坐标系的所有方法，下面分别予以介绍。

① 动态：用户可以手动移动 CSYS 到任何想要的位置或方位，或创建一个关联、相对于选定 CSYS 动态偏置的 CSYS。

② 自动判断：定义一个与选定几何体相关的 CSYS 或通过 $X$、$Y$ 和 $Z$ 分量的增量来定义 CSYS。

图 1.30 "按属性选择"对话框

图 1.31 CSYS 对话框

③ 原点、$X$ 点、$Y$ 点：根据选定或定义的 3 个点来定义 CSYS。要指定所有 3 个点，可使用"点构造器"。$X$ 轴是从第一点到第二点的矢量；$Y$ 轴是从第一点到第三点的矢量；原点是第一点。

④ $X$ 轴、$Y$ 轴：根据选定或定义的两个矢量来定义 CSYS，$X$ 轴和 $Y$ 轴是矢量，原点是矢量交点。

⑤ $X$ 轴、$Y$ 轴、原点：根据选定或定义的一点和两个矢量来定义 CSYS。$X$ 轴和 $Y$ 轴都是矢量；原点为一点。

⑥ $Z$ 轴、$X$ 轴、原点：根据选择或定义的点和两个矢量定义 CSYS。$Z$ 轴和 $X$ 轴是矢量；原点是点。

⑦ Z 轴、Y 轴、原点：根据选择或定义的点和两个矢量定义 CSYS。Z 轴和 Y 轴是矢量；原点是点。

⑧ Z 轴、X 点：根据定义的一个点和一条 Z 轴来定义 CSYS。X 轴是从 Z 轴矢量到点的矢量；Y 轴是从 X 轴和 Z 轴计算得出的；原点是这 3 个矢量的交点。

⑨ 对象的 CSYS：从选定的曲线、平面或制图对象的 CSYS 定义相关的 CSYS。

⑩ 点、垂直曲线：通过一点且垂直于曲线定义 CSYS。当选择线性曲线时，X 轴是从曲线到点的垂直矢量；Y 轴是 Z 与 X 的矢量积；Z 轴是垂直点的切矢；原点是曲线上的点，垂直点在此点处垂直于曲线。当选择一条非线性曲线时，X 轴点处于任意的方位并不指向选定的点。

⑪ 平面和矢量：根据选定或定义的平面和矢量来定义 CSYS。X 轴方向为平面法向；Y 轴方向为矢量在平面上的投影方向；原点为平面和矢量的交点。

⑫ 3 个平面：根据 3 个选定的平面来定义 CSYS。X 轴是第一个"基准平面/平的面"的法线；Y 轴是第二个"基准平面/平的面"的法线；原点是这 3 个平面/面的交点。

⑬ 绝对 CSYS：指定模型空间坐标系作为坐标系。X 轴和 Y 轴是"绝对 CSYS"的 X 轴和 Y 轴；原点为"绝对 CSYS"的原点。

⑭ 当前视图的 CSYS：将当前视图的坐标系设置为坐标系。X 轴平行于视图底部；Y 轴平行于视图的侧面；原点为视图的原点(图形屏幕中间)。如果通过名称来选择，CSYS 将不可见或在不可选择的图层中。

⑮ 从 CSYS 偏置：根据指定的来自选定坐标系的 X、Y 和 Z 的增量来定义 CSYS。X 轴和 Y 轴为现有 CSYS 的 X 轴和 Y 轴；原点为指定的点。

(2) 坐标系的变换。在 UG NX 6 建模过程中，有时为了方便模型各部位的创建，需要改变坐标系原点位置和坐标系的旋转方向，即对工作坐标系进行变换。下面介绍坐标系的变化操作方法。

① 改变工作坐标系原点。执行"格式"|WCS|"原点"命令，打开"点构造器"对话框，提示用户构造一个点。指定一点后，当前工作坐标系的原点就移到指定点的位置。

② 动态改变坐标系。执行"格式"|WCS|"动态"命令，当前工作坐标系如图 1.32 所示。从图 1.32 上可以看出，共有 3 种动态改变坐标系的标志，即原点、移动手柄和旋转手柄，对应地有 3 种动态改变坐标系的方式。

a. 用鼠标选取原点，其方法如同改变坐标系原点。

b. 用鼠标选取移动手柄，例如 ZC 轴上的，则显示如图 1.33 所示的"移动非模式"文本框。这时既可以在距离文本框中通过直接输入数值来改变坐标系，也可以通过按住鼠标左键沿坐标轴拖动坐标系。在拖动坐标系过程中，为便于精确定位，可以设置捕捉单位如 25.0，则每隔 25.0 个单位距离，系统自动捕捉一次。

c. 用鼠标选取旋转手柄，例如 XC-YC 平面内的，则显示如图 1.34 所示的"旋转非模式"文本框。这时既可以在"角度"文本框中通过直接输入数值来改变坐标系，也可以通过按住鼠标左键在屏幕上旋转坐标系。在旋转坐标系过程中，为便于精确定位，可以设置捕捉单位如 45.0，这样每隔 45.0 个单位角度，系统将自动捕捉一次。

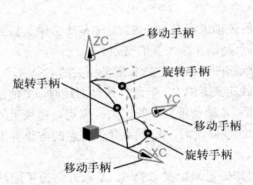

图 1.32　工作坐标系临时状态

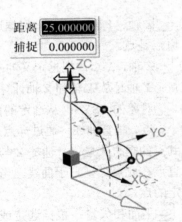

图 1.33　"移动非模式"文本框

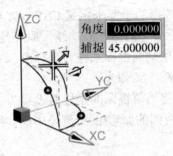

图 1.34　"旋转非模式"文本框

　　③ 旋转工作坐标系。执行"格式"|WCS|"旋转"命令，打开"旋转 WCS 绕…"对话框，如图 1.35 所示。选择任意一个旋转轴，在"角度"文本框中输入旋转角度值，单击"确定"按钮，可实现工作坐标系的旋转。旋转轴是 3 个坐标轴的正、负方向，旋转方向的正向由右手螺旋法则确定。

　　④ 更改 $XC$ 方向。执行"格式"|WCS|"更改 $XC$ 方向"命令，打开"点"对话框，提示用户指定一点(不得为 $ZC$ 轴上的点)。则原点与指定点在 $XC$-$YC$ 平面的投影点的连线为新的 $XC$ 轴。

　　⑤ 改变 $YC$ 方向。执行"格式"|WCS|"更改 $YC$ 方向"命令，打开"点"对话框，提示用户指定一点(不得为 $ZC$ 轴上的点)。则原点与指定点在 $XC$-$YC$ 平面的投影点的连线为新的 $YC$ 轴。

　　(3) 坐标系的保存。一般对经过移动或旋转等变换后创建的坐标系需要及时保存，以便于区分原有的坐标系，同时便于在后续建模过程中根据用户需要随时调用。执行"格式"|WCS|"保存"命令，系统将保存当前的工作坐标系。

　　(4) 坐标系显示和隐藏。该选项用于显示或隐藏当前的工作坐标系。执行该命令后，当前的工作坐标系的显示或隐藏与否取决于当前工作坐标系的状态。如果当前坐标系处于显示状态，则执行该命令后，将隐藏当前工作坐标系。如果当前坐标系处于隐藏状态，则执行该命令后，将显示当前工作坐标系。

### 1.3.6　基本体素特征

所谓体素特征，指的是可以独立存在的规则实体，它可以用作实体建模初期的基本形状，具体包括长方体、圆柱体、圆锥体和球体 4 种。

#### 1.　长方体

长方体——允许用户通过指定方位、大小和位置创建长方体体素。执行"插入"|"设计特征"|"长方体"命令，打开"长方体"对话框，如图 1.36 所示。系统提供了 3 种创建长方体的方式。

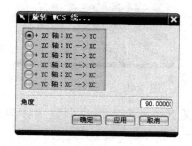

图 1.35　"旋转 WCS 绕…"对话框

图 1.36　"长方体"对话框

(1) 📦 原点和边长：使用一个拐角点和长度、宽度、高度来创建长方体，如图 1.37 所示。(图中 ❶=拐角点。)

(2) 📦 两点和高度：通过定义高度和底面的两个对角点来创建长方体，如图 1.38 所示。

(3) 📦 两个对角点：允许通过定义两个代表对角点的 3D 体对角点来创建长方体，如图 1.39 所示。

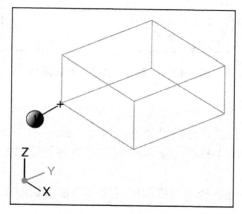

图 1.37　"原点和边长"创建长方体

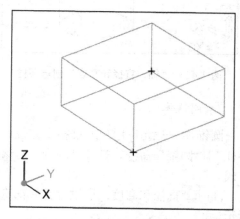

图 1.38　"两点和高度"创建长方体

**2. 圆柱体**

圆柱体——允许用户通过指定方位、大小和位置创建圆柱体素。执行"插入"|"设计特征"|"圆柱体"命令，打开"圆柱"对话框，如图 1.40 所示。系统提供了两种创建圆柱的方式。

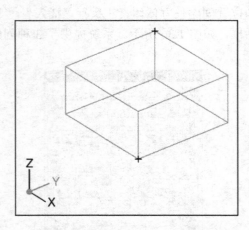

图 1.39 "两个对角点"创建长方体

图 1.40 "圆柱"对话框

(1) 轴、直径和高度：通过指定方向矢量并定义直径和高度值来创建实体圆柱，如图 1.41 所示。

(2) 圆弧和高度：允许用户通过选择圆弧并输入高度值来创建圆柱，如图 1.42 所示。

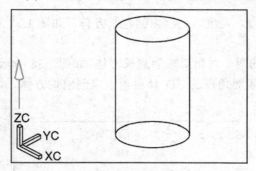

图 1.41 "轴、直径和高度"创建圆柱

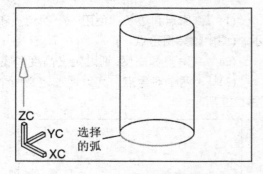

图 1.42 "圆弧和高度"创建圆柱

**3. 圆锥体**

圆锥体——允许用户通过指定方位、大小和位置创建圆锥体素。执行"插入"|"设计特征"|"圆锥"命令，打开"圆锥"对话框，如图 1.43 所示。系统提供了 5 种创建圆锥的方式。

(1) △ 直径和高度：通过定义底部直径、顶部直径和高度值创建实体圆锥，如图 1.44 所示。

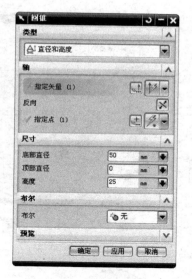

图 1.43　"圆锥"对话框

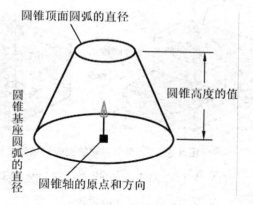

图 1.44　"直径和高度"创建圆锥

(2) 直径和半角：通过定义底部直径、顶部直径和半角的值创建实体圆锥，如图 1.45 所示。

(3) 底部直径、高度和半角：此选项通过定义底部直径、高度和半顶角值创建圆锥实体。

(4) 顶部直径、高度和半角：此选项通过定义顶部直径、高度和半顶角值创建圆锥实体。

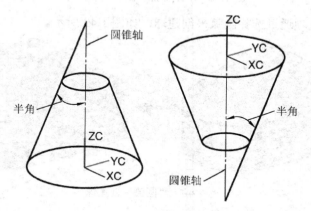

图 1.45　"直径和半角"创建圆锥

(5) 两个共轴的圆弧：此选项通过选择两条圆弧创建圆锥实体，如图 1.46 所示。

4．球体

球体——允许用户通过指定方位、大小和位置创建球体素。执行"插入"|"设计特征"|"球"命令，打开"球"对话框，如图 1.47 所示。系统提供两种创建球的方式。

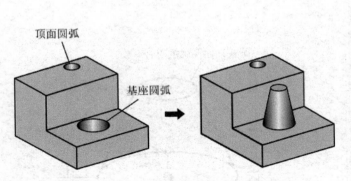

图 1.46 "两个共轴的圆弧"创建圆锥　　　图 1.47 "球"对话框

(1) 中心点和直径：此选项通过定义直径值和中心创建球，如图 1.48 所示。

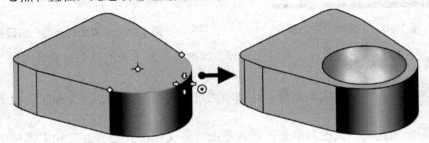

图 1.48 "中心点和直径"创建球

(2) 圆弧：此选项通过选择圆弧来创建球，如图 1.49 所示。

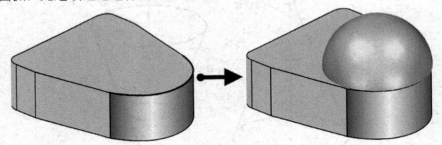

图 1.49 "圆弧"创建球

### 1.3.7 倒斜角特征

　　倒斜角是指对已存在的实体沿指定的边进行倒角操作，又称倒角或去角特征，在产品设计中使用广泛。通常当产品的边或棱角过于尖锐时，为避免造成擦伤，需要对其进行必要的修剪，即执行倒斜角操作。

　　倒角时系统增加材料或减去材料取决于边缘类型。对于外边缘(凸)是减去材料，对于内边缘(凹)是增加材料。不管是增加材料还是减去材料，都缩短了相交于所选边缘的两个面的长度，如图 1.50 所示。

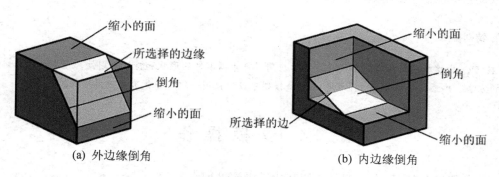

(a) 外边缘倒角　　　　　　　　　(b) 内边缘倒角

**图 1.50　内边缘、外边缘倒角**

执行"插入"|"细节特征"|"倒斜角"命令(或单击"特征操作"工具栏中的"倒斜角"按钮)，打开"倒斜角"对话框，如图 1.51 所示。

**图 1.51　"倒斜角"对话框**

倒角类型分为 3 种：对称、非对称及偏置和角度。

(1) 对称：沿所选边的两侧使用相同偏置值创建简单倒斜角，如图 1.52 所示，偏置值必须为正。

(2) 非对称：创建一个沿两个表面具有不同偏置值的倒斜角，如图 1.53 所示，偏置值必须为正。

(3) 偏置和角度：创建一个沿两个表面分别为偏置值和斜切角的倒角，如图 1.54 所示，偏置值必须为正。

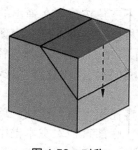

**图 1.52　对称**

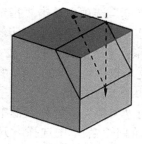

**图 1.53　非对称**

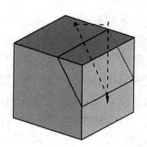

**图 1.54　偏置和角度**

 特别提示

在 UG 中建模的方法有若干种，在具体应用时可根据零件的形状和特性、用处，还有个人喜好选择相应的方法。体素特征用于建立毛坯，在一个模型中仅仅使用一次，建模次序应遵循加工次序。

# 1.4 建模操作

下面以车床尾座顶尖为例，介绍其建模操作过程。

(1) 创建一个基于模型模板的新公制部件，并输入 dingjian.prt 作为该部件的名称。单击"确定"按钮，UG NX 6 会自动启动"建模"应用程序。

(2) 在"特征操作"工具栏上单击 按钮，打开"圆柱"对话框。在"类型"下拉列表框中选择"轴、直径和高度"选项，单击"指定矢量"下三角按钮，在弹出的下拉菜单中选择 选项，在"直径"文本框中输入 24，在"高度"文本框中输入 10，其余参数按默认设置，如图 1.55 所示。

(3) 单击"应用"按钮，绘制一段圆柱体，如图 1.56 所示。

图 1.55 "圆柱"对话框

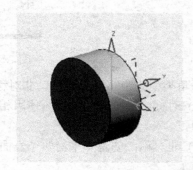

图 1.56 创建的圆柱

(4) 在"特征"工具栏上单击 按钮，打开"圆锥"对话框。如图 1.57 所示，在"类型"下拉列表框中选择"直径和高度"选项；单击"指定矢量"下三角按钮，在弹出的下拉菜单中选择 选项；在"指定点"选项中选择上一步绘制的圆柱体左端面的圆心为新创建圆锥底面的中心，如图 1.58 所示；在"底部直径"文本框中输入 26.3，在"顶部直径"文本框中输入 31.5，在"高度"文本框中输入 100，在"布尔"下拉列表框中选择"求和"选项，单击"应用"按钮，结果如图 1.59 所示。

(5) 继续在"圆锥"对话框的"类型"下拉列表框中选择"直径和半角"选项，单击"指定矢量"下三角按钮，在弹出的下拉菜单中选择 选项，在"底部直径"文本框中输入 31.5，在"顶部直径"文本框中输入 0，在"半角"文本框中输入 30，在"指定点"选项中选择上一步绘制的圆锥体左端面的圆心为新创建圆锥底面的中心，如图 1.60 所示。在"布尔"下拉列表框中选择"求和"选项，单击"应用"按钮，结果如图 1.61 所示。

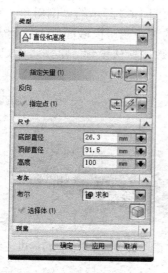

图 1.57 "圆锥"对话框

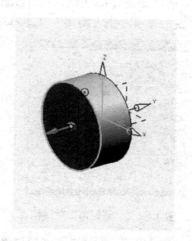

图 1.58 选择圆心

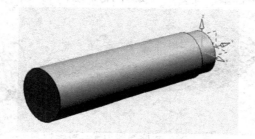

图 1.59 创建圆锥体(1)

图 1.60 "圆锥"对话框

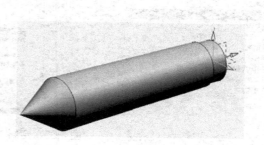

图 1.61 创建圆锥体(2)

(6) 在"特征操作"工具栏上单击 按钮，打开如图 1.62 所示的"倒斜角"对话框。

(7) 选择如图 1.63 所示的圆柱端面圆为要倒斜角的边，在"横截面"下拉列表框中选择"对称"选项，在"距离"文本框中输入 1，其余参数按默认设置，单击"确定"按钮。

图 1.62 "倒斜角"对话框

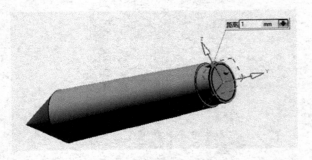

图 1.63 选择要倒斜角的边

(8) 隐藏处理。选择"部件导航器"中的"基准坐标系"，单击鼠标右键，选择"隐藏"；单击 按钮，隐藏工作坐标系，最终结果如图 1.64 所示。

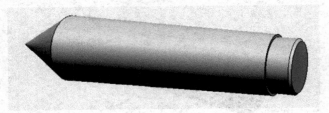

图 1.64 车床尾座顶尖三维模型

(9) 真实着色。在"定制"对话框中的"工具条"选项卡中，定制"真实着色"选项，打开"真实着色"工具栏，进行零件材质设定、背景渲染等处理，效果如图 1.66 所示。

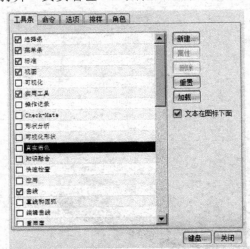

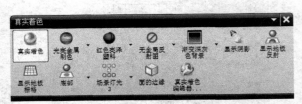

图 1.65 定制"真实着色"

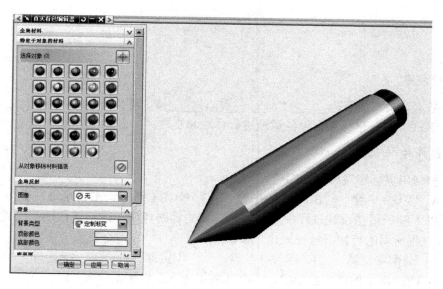

图 1.66　车床尾座顶尖真实着色效果图

(10) 按指定路径保存文件。

## 1.5　拓　展　实　训

应用基本体素特征和倒斜角特征，根据如图 1.67 所示的阶梯轴的平面图创建其三维模型。

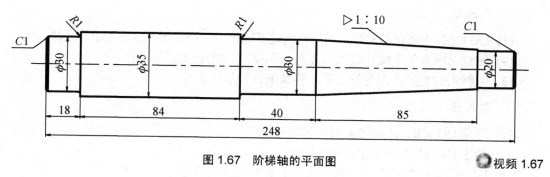

图 1.67　阶梯轴的平面图　　　　　　　　　🔘视频 1.67

## 1.6　任　务　小　结

本项目介绍了 UG NX 6.0 的工作环境及设定、基本操作和常用工具，包括文件管理、模型显示、鼠标和键盘的使用、工具条定制、图层操作、点构造器、基准轴、类选择器、坐标系及基本体素特征和倒斜角特征操作。这些常用工具和基本操作不是孤立的，是为后续学习奠定基础的，熟练掌握这部分内容有助于提高后续建模工作效率和质量。

# 习　题

1. 填空题

(1) 基本体素特征有：_____体、_____体、_____体、球体等。

(2) UG 的_____坐标系可以任意地进行移动和旋转。

2. 选择题

(1) 如何用鼠标实现模型的缩放？(　　)

　　A. 左键+中键　　　B. 右键+中键　　　C. 单击右键　　　D. 单击左键

(2) 以下哪一项在设计过程中起到十分重要的辅助作用，能够详细地记录设计的全过程和设计过程所用的特征、特征操作、参数等？(　　)

　　A. 装配导航器　　　B. 部件导航器　　　C. 浏览器　　　D. 特征树

(3) 在 UG NX 6 的操作界面中，哪个区域提示下一步该做什么？(　　)

　　A. 提示行　　　B. 状态行　　　C. 信息窗口　　　D. 对话框

(4) 哪个对话框决定创建一个圆柱的方向？(　　)

　　A. 点构造器　　　B. 矢量构造器　　　C. WCS 定位　　　D. 基准面

(5) 利用特征工具条中的圆柱按钮创建圆柱时有(　　)种方法。

　　A. 2　　　　　B. 3　　　　　C. 4　　　　　D. 5

(6) 在 UG NX 6 中，系统共设有多少图层？(　　)

　　A. 255　　　B. 256　　　C. 250　　　D. 260

3. 判断题

(1) UG CAD 主要包括实体建模、自由曲面建模、工程制图、装配建模等模块。(　　)

(2) 绝对坐标系是系统默认的坐标系，其原点位置是固定不变的。(　　)

(3) 倒斜角的类型分为对称、非对称及偏置和角度 3 种。(　　)

4. 简答题

(1) 简述 UG NX 6 产品建模的典型流程。

(2) 简述 UG NX 6 的工作界面的组成。

(3) UG NX 6 中常用的工具条有哪些？如何定制工具条？

(4) UG NX 6 中图层管理器有哪些特点？

# 项目 2

# 连杆的建模

## 学习目标

通过本项目的学习，掌握在草图环境下，对各种曲线进行精确约束和定位的方法；掌握拉伸、旋转等扫描特征的操作方法；能熟练掌握草图绘制和约束功能，使用拉伸、回转、边倒圆等特征命令，创建连杆实体模型。

## 学习要求

| 能力目标 | 知识要点 | 权重 |
|---|---|---|
| 能正确选择草图工作平面，运用常用曲线命令创建几何对象 | 了解草图功能，掌握草图操作的一般步骤 | 20% |
| 能熟练掌握草图约束方法，对草图曲线进行精确定位与约束 | 熟悉草图环境下绘制曲线，掌握对曲线进行几何约束和尺寸约束的创建方法 | 30% |
| 通过草图绘制，使用拉伸、回转、边倒圆等特征命令，创建连杆类零件的实体模型 | 掌握曲线创建和约束、偏置曲线、镜像曲线等草图操作功能的具体应用 | 50% |

## 引例

连杆是汽车发动机中的主要传动部件之一，它在内燃机中把作用于活塞顶面的膨胀压力传递给曲轴，又受曲轴的驱动而带动活塞压缩气缸中的气体，如图 2.1 所示。连杆在工作中承受着多向交变载荷的作用，要求具有很高的强度，连杆材料一般采用高强度碳钢和合金钢，其制造过程中多用模锻制造毛坯。

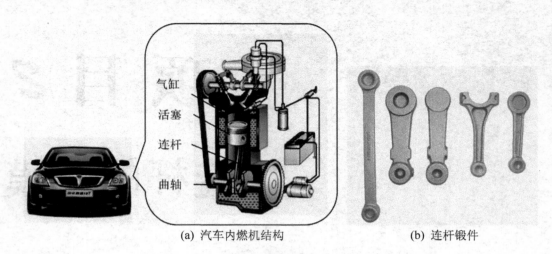

(a) 汽车内燃机结构　　　　　　　　(b) 连杆锻件

图 2.1　汽车内燃机连杆的实际应用

## 2.1　任 务 导 入

根据图 2.2 所示的连杆锻件结构简图建立其三维模型。通过该项目的训练，初步掌握草图的绘制和约束方法以及使用拉伸特征、回转特征和边倒圆特征创建一般零件模型的技能。

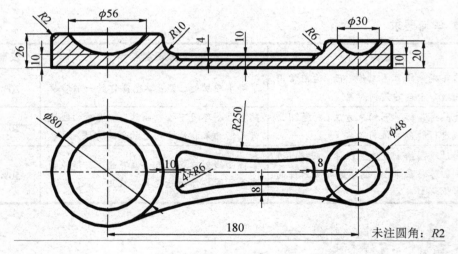

图 2.2　连杆锻件结构简图

## 2.2　任 务 分 析

图 2.2 所示为连杆的平面图形，图 2.3 为其三维模型展示，该模型截面曲线形状并非简单的几何形状，其模型由两个高度不等的圆柱体通过过渡底板连成一个整体，该模型不能用基本体素特征来创建。完成本项目任务，需要先正确绘制零件模型的截面曲线，复杂的

截面曲线一般都使用草图功能来创建，然后用拉伸特征、回转特征和边倒圆特征等命令完成建模。

图 2.3　连杆模型　　　　　　　　　　　　　　　　　●视频 2.3

## 2.3　任务知识点

### 2.3.1　草图曲线绘制

创建草图是指在用户指定的平面上创建点、线等二维图形的过程。草图功能是 UG NX 6 特征建模的一个基本功能，比较适用于创建截面较复杂的特征。一般情况下，用户的三维建模都是从创建草图开始的，即先利用草图功能创建出特征的大略形状，再利用草图的几何约束和尺寸约束功能精确设置草图的形状和尺寸。绘制草图完成后即可利用拉伸、回转或扫掠等功能，创建与草图关联的实体特征。用户可以对草图的几何约束和尺寸约束进行修改，从而快速更新模型。

**1. 草图基本环境**

(1) 草图首选项。为了更准确有效地创建草图，需要对草图文本高度、原点、尺寸和默认前缀等基本参数进行设置。

执行"首选项"|"草图"命令，打开"草图首选项"对话框，该对话框包括"草图样式"、"会话设置"和"部件设置"3 个选项卡，分别如图 2.4、图 2.5 和图 2.6 所示。

各选项卡中的常用选项说明如下。

① 尺寸标签：控制草图尺寸文本的显示方式，右边下拉列表有 3 个选项。

a. 表达式：草图尺寸显示为表达式(默认)，如 p0=100.0。

b. 名称：草图尺寸显示为名称，如 p0。

c. 值：草图尺寸显示为值，如 100.0。

② 屏幕上固定文本高度：选中"屏幕上固定文本高度"复选框，在缩放草图时会使尺寸文本维持恒定的大小，否则在缩放时，会同时缩放尺寸文本和草图几何图形。

③ 文本高度：控制草图尺寸的文本高度，默认为 4。

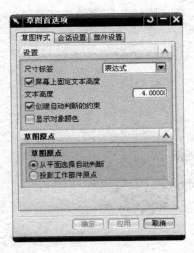

图 2.4 "草图样式"选项卡

图 2.5 "会话设置"选项卡

④ 创建自动判断的约束：对活动草图启用"创建自动判断的约束"功能。

⑤ 草图原点：指定要将新草图的原点放在何处，有以下两种设置方法。

a. 从平面选择自动判断：在创建草图时所指定的平面或平的面判断草图的原点。

b. 投影工作部件原点：从工作部件的原点判断草图的原点。使用该选项可以在绝对世界坐标系中创建草图。

⑥ 捕捉角：指定垂直、水平、平行及正交直线的默认捕捉角公差。例如，一直线端点相对于水平或垂直参考直线角度小于或等于捕捉角度值，该直线自动捕捉到垂直或水平位置，如图 2.7 所示。

⑦ 默认名称前缀：设置草图、顶点、直线、弧、二次曲线、样条默认名称前缀。如果指定一个新的前缀，则它会对创建的下一个对象生效。先前创建的草图名称不会更改。

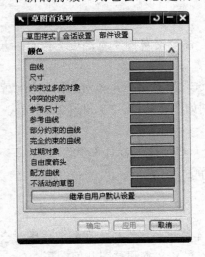

图 2.6 "部件设置"选项卡

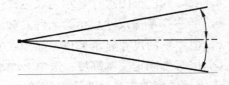

图 2.7 "捕捉角"示例

(2) 草图工作平面。执行"插入"|"草图"命令(或单击"特征"工具栏中的"草图"按钮)，系统将弹出草图工作界面，如图 2.8 所示。

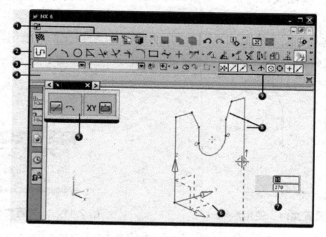

**图 2.8　草图工作界面**

草图工作界面包含：①草图生成器工具条；②"草图工具"工具条；③选择条；④状态行；⑤命令对话框；⑥基准 CSYS；⑦屏幕输入框；⑧草图中的曲线(绿色和橙色)；⑨捕捉点选项。

(3) 创建草图的一般步骤。当需要参数化地控制曲线，或通过建立标准特征无法满足设计需要时，通常需创建草图。草图创建过程因人而异，下面介绍其一般的操作步骤。

① 设置工作图层，即草图所在的图层。如果在进入草图工作界面前未进行工作图层设置，可在退出草图界面后，通过"移动至图层"功能将草图对象移到指定的图层。

② 检查或修改草图参数预设置。

③ 进入草图界面。在"草图生成器"工具栏的"草图名"文本框中，系统会自动命名该草图名。用户也可以将系统自动命名编辑修改为其他名称。

④ 设置草图附着平面。利用"草图"对话框，指定草图附着平面。指定草图平面后，一般情况下系统将自动转到草图的附着平面。

⑤ 创建草图对象。

⑥ 添加约束条件，包括尺寸约束和几何约束。

⑦ 单击"完成草图"按钮，退出草图工作环境。

2. 曲线绘制命令

常用曲线绘制命令如图 2.9 所示。

**图 2.9　常用曲线绘制命令**

(1) 配置文件。使用此命令可以以线串模式创建一系列相连的直线或圆弧，即上一条曲线的终点变成下一条曲线的起点。例如，可以通过一系列鼠标单击创建如图 2.10 所示的轮廓。

① 配置文件选项。在"草图工具"工具栏中单击"配置文件"按钮，或者执行"插入"|"曲线"|"配置文件"命令，打开"配置文件"工具栏，如图 2.11 所示。

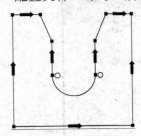

图 2.10　"配置文件"使用示例

图 2.11　"配置文件"工具栏

　　　：创建直线。这是最初的默认模式。如果用户还没有选定端点，则画的第一条线将使用 $X$ 坐标和 $Y$ 坐标。如果选择了捕捉点或端点，系统将为线串中第二条直线使用长度和角度参数。

　　　：创建圆弧。当从直线连接圆弧时，将创建一个两点圆弧。如果从标准象限(下述)连接圆弧，将创建一个三点圆弧。

　XY：使用 $X$ 坐标和 $Y$ 坐标值创建曲线点。

　　　：使用与直线或圆弧曲线类型对应的参数创建曲线点。

② 配置文件的圆弧象限。从一条直线过渡到圆弧，或从一个圆弧过渡到另一个圆弧时，在线的端点会出现象限符号，如图 2.12 所示。

包含曲线的象限和与其顶点相对的象限是相切象限(象限 1 和象限 2)。象限 3 和象限 4是垂直的象限。要控制圆弧的方向，应将光标放在某一个象限内，然后按顺时针或逆时针方向将光标移出象限，如图 2.13 所示。

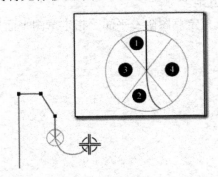

图 2.12　圆弧象限符号

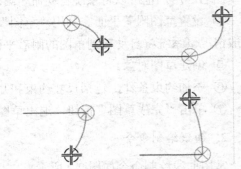

图 2.13　圆弧象限符号用法示例

(2) 直线。使用该命令可绘制水平、垂直或任意角度的直线。单击"直线"按钮，"直线"工具栏坐标模式被激活，通过在 $XC$、$YC$ 字段输入值，或设置"捕捉"工具条的自动捕捉定义直线起点。确定直线起点后，直线工具条参数模式被激活，通过在长度、角度字段输入值，或设置"捕捉"工具栏的自动捕捉定义直线终点，如图 2.14 所示。

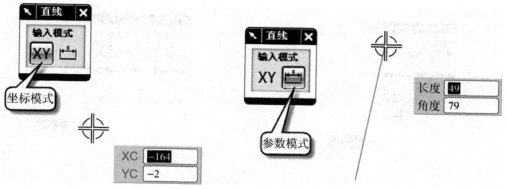

图 2.14　"直线"坐标模式示例

 **特别提示**

　　要创建与其他直线平行或垂直的直线，可通过输入参数或单击来定义直线的起始点。确保在"自动约束"对话框中选定了平行和垂直约束。将光标移动到目标直线上，然后移动光标直至看到适当的约束。当创建直线时，如果相切约束在"自动约束"对话框中是打开的，则它可以捕捉所有类型的曲线或边，包括直线、圆弧、椭圆、二次曲线和样条的相切线。

　　(3) 圆弧。绘制圆弧的方式有以下两种。

　　① 三点(端点、端点、弧上任意一点或半径)定圆弧，如图 2.15 所示。

　　② 中心和端点(中心、端点或扫描角度)定圆弧，如图 2.16 所示。

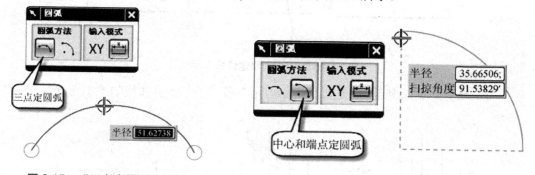

图 2.15　"三点定圆弧"示例　　　　　　　图 2.16　"中心和端点定圆弧"示例

 **特别提示**

　　三点定圆弧时，在指定第一、第二点后，默认第三点为该两点之间的圆弧上的任意一点。此时，移动鼠标滑过一点，则该点变为弧上一点，第三点为另一端点。

　　(4) 圆。绘制圆的方式有以下两种。

　　① 圆心和直径(或圆上一点)定圆，如图 2.17 所示。

　　② 三点(或两点和直径)定圆，如图 2.18 所示。

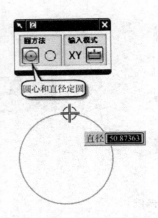

图 2.17　"圆心和直径定圆"示例

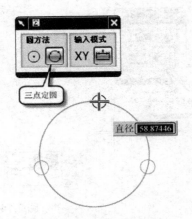

图 2.18　"三点定圆"示例

(5) 快速修剪。使用该命令可以将曲线修剪到任一方向上最近的实际交点或虚拟交点。

① 快速裁剪或删除选择的曲线段。以所有的草图对象为修剪边，裁剪掉被选择的最小单元段。如果按住鼠标左键并拖动，光标变为铅笔状，通过徒手画曲线，则和该徒手曲线相交的所有曲线段都被裁剪掉，如图 2.19 所示。

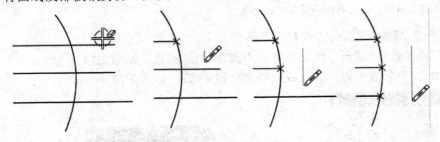

图 2.19　"快速修剪"示例 1

② 修剪到虚拟交点。将选定曲线修剪至一条或多条边界曲线的虚拟延伸线，如图 2.20 所示。

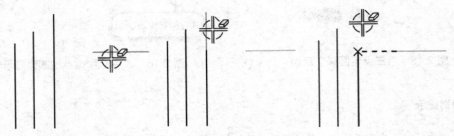

图 2.20　"快速修剪"示例 2

(6) 制作拐角。可通过将两条输入曲线延伸或修剪到一个公共交点来创建拐角。

① 延伸两曲线创建拐角，如图 2.21 所示。

② 延伸一条曲线并修剪另一条曲线创建拐角，如图 2.22 所示。

③ 修剪两条曲线创建拐角，如图 2.23 所示。

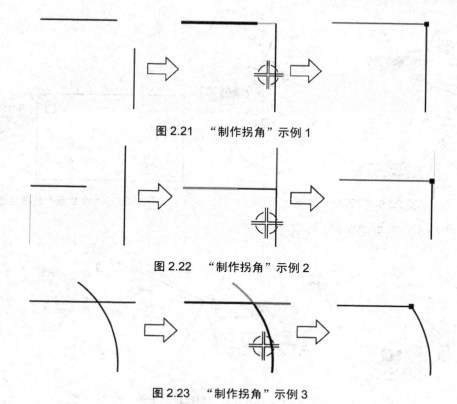

图 2.21　"制作拐角"示例 1

图 2.22　"制作拐角"示例 2

图 2.23　"制作拐角"示例 3

(7) 圆角。可在两条或三条曲线之间创建一个圆角。

① 创建两个曲线对象的圆角。分别选择两个曲线对象或将光标选择球指向两个曲线的交点处同时选择两个对象，然后拖动光标确定圆角的位置和大小(半径以步长 0.5 跳动)，如图 2.24 所示。

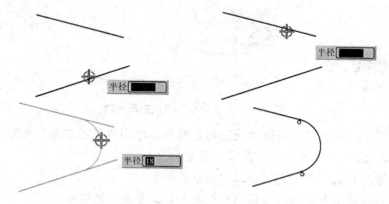

图 2.24　"圆角"示例 1

② 创建 3 个曲线对象的圆角，如图 2.25 所示。

(8) 矩形。可通过两角点、三角点，或中心点、边中点、角点绘制矩形。

① "按 2 点"创建矩形，如图 2.26 所示。

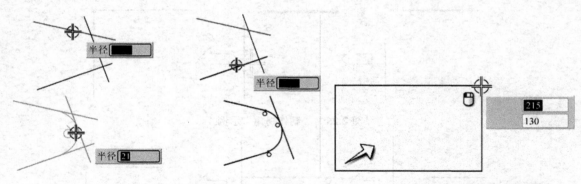

图 2.25 "圆角"示例 2　　　　　　图 2.26 "按 2 点"创建矩形示例

② "按 3 点"创建矩形，如图 2.27 所示。

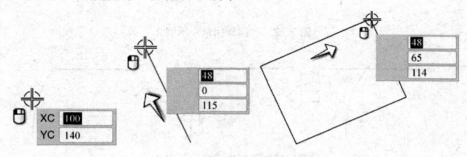

图 2.27 "按 3 点"创建矩形示例

③ "从中心"创建矩形，如图 2.28 所示。

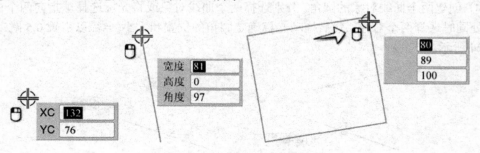

图 2.28 "从中心"创建矩形示例

(9) 艺术样条。可通过点或极点动态创建样条。单击"艺术样条"按钮，打开"艺术样条"对话框，如图 2.29 所示。各选项含义如下。

① 　：通过定义点来创建关联或非关联的样条。

② 　：通过构造和处理样条极点来创建关联或非关联的样条。

③ 单段：与"根据极点"一起使用，创建包含用户定义极点的单段曲线。

④ 匹配的结点位置：仅在定义点的所在位置处放置结点，仅适用于"通过点"方法。

⑤ 封闭的：指定样条的起点和终点位于同一点，构成一个封闭环。

⑥ 关联：使样条与父特征相关联，以便保留最初的创建参数。

⑦ 阶次：指定样条的次数。不能创建极点数小于阶次的样条。

⑧ 曲面约束方向："等参数"将约束限制为曲面的 $U$ 向和 $V$ 向；"截面"允许约束采用任何方向(仅在约束曲面几何体时可用)。

⑨ 固定相切方向：当编辑曲线上的其他点时，强制使当前终点的 G1 或 G2 方向保持固定。

⑩ 制图平面：用于选择一个要在其上创建样条的平面。

⑪ 启用：激活和停用微调。

⑫ 速度：用于进行非常细微的点编辑，调整通过拖动滑块移动点的相对量。可指定 0～100 之间的值，越趋近于 0 的值移动越精细。

(10) 点。用来在草图中创建点，方法同任务 1 中介绍的"点构造器"。

(11) 椭圆。用来在草图中创建椭圆。单击"椭圆"按钮，打开"椭圆"对话框，如图 2.30 所示。"椭圆"对话框各选项含义如下。

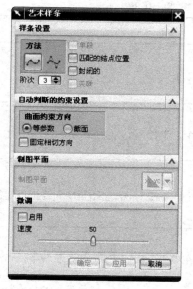

图 2.29　"艺术样条"对话框

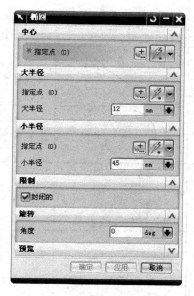

图 2.30　"椭圆"对话框

① 中心：可使用点构造器指出椭圆的中心点。

② 大半径、小半径：椭圆长轴和短轴有两根轴(每根轴的中点都在椭圆的中心)，椭圆的最长直径就是长轴；最短直径就是短轴。大半径和小半径的值指的是这些轴长度的一半。

③ 封闭的：选择此项创建一个完整的椭圆。

④ 角度：椭圆是绕 $ZC$ 轴正向沿着逆时针方向创建的。该角度是指椭圆长轴与 $XC$ 的夹角。

## 2.3.2　草图约束

创建完草图几何对象后，需要对其进行精确约束和定位。通过草图约束可以控制草图对象的形状和大小，通过草图定位可以确定草图与实体边、参考面、基准轴等对象之间的位置关系。常用草图约束命令如图 2.31 所示。

图 2.31　"草图工具" 工具栏

1. 自由度箭头

自由度有 3 种类型：定位自由度、转动自由度及径向自由度。自由度箭头提供了关于草图曲线约束状态的视觉反馈。初始创建时，每个草图曲线类型都有不同的自由度箭头。常用草图曲线和点的自由度见表 2-1。

表 2-1　常用草图曲线和点的自由度

| 序号 | 曲　　线 | 自　由　度 |
|---|---|---|
| 1 | | 点有 2 个自由度 |
| 2 | | 直线有 4 个自由度：每端 2 个 |
| 3 | | 圆有 3 个自由度：圆心 2 个，半径 1 个 |
| 4 | | 圆弧有 5 个自由度：圆 2 个，半径 1 个，起始角度和终止角度各 1 个 |
| 5 | | 椭圆有 5 个自由度：2 个在中心，1 个用于方向，长轴半径和短轴半径各 1 个 |
| 6 | | 椭圆弧有 7 个自由度：2 个在中心，1 个用于方向，长轴半径和短轴半径各 1 个，起始角度和终止角度各 1 个 |
| 7 | | 2 次曲线有 6 个自由度：每个端点有 2 个，锚点有 2 个 |
| 8 | | 极点样条有 4 个自由度：每个端点有 2 个 |
| 9 | | 过点的样条在它的每个定义点处均有 2 个自由度 |

2. 几何约束

几何约束有以下几种形式。

(1) 约束(手动)。约束是对所选草图对象手动指定某种约束的方法。选择要创建约束的曲线，则所选曲线会加亮显示，同时弹出可约束的选项工具栏。工具栏可用的选项随着曲线的类型、数量不同而变化，已经自动或手动施加约束的类型呈灰显(不可选)状态。各种约束类型及其代表含义见表 2-2。

表 2-2　各种约束类型及其代表含义

| 序号 | 约束类型 | 表示含义 |
|------|----------|----------|
| 1 | 固定 | 将草图对象固定在某个位置，点固定其所在位置；线固定其角度；圆和圆弧固定其圆心或半径 |
| 2 | 重合 | 约束两个或多个点重合(选择点、端点或圆心) |
| 3 | 共线 | 约束两条或多条直线共线 |
| 4 | 点在曲线上 | 约束所选取的点在曲线上(选择点、端点或圆心和曲线) |
| 5 | 中点 | 约束所选取的点在曲线中点的法线方向上(选择点、端点或圆心和曲线) |
| 6 | 水平 | 约束直线为水平的直线(选择直线) |
| 7 | 竖直 | 约束直线为垂直的直线(选择直线) |
| 8 | 平行 | 约束两条或多条直线平行(选择直线) |
| 9 | 垂直 | 约束两条直线垂直(选择直线) |
| 10 | 等长 | 约束两条或多条直线等长度(选择直线) |
| 11 | 固定长度 | 约束两条或多条直线固定长度(选择直线) |
| 12 | 恒定角度 | 约束两条或多条直线固定角度(选择直线) |
| 13 | 同心 | 约束两个或多个圆、圆弧或椭圆的圆心同心(选择圆、圆弧或椭圆) |
| 14 | 相切 | 约束直线和圆弧或两条圆弧相切(选择直线、圆弧) |
| 15 | 等半径 | 约束两个或多个圆、圆弧半径相等(选择圆、圆弧) |

(2) 自动约束。自动约束是指系统自动产生几何约束类型，根据草图对象间的关系，自动添加相应约束到草图对象上的方法。

单击"草图工具"工具栏上的"自动约束"按钮，打开"自动约束"对话框，如图 2.32 所示。该对话框显示当前草图对象可添加的几何约束类型。在该对话框中选择自动添加到草图对象的某些约束类型，然后单击"确定"按钮。系统分析草图对象的几何关系，根据选择的约束类型，自动添加相应的几何约束到草图对象上。

(3) 显示所有约束。单击"草图工具"工具栏上的"显示所有约束"按钮，将显示施加到草图的所有几何约束，如图 2.33 所示。再次单击"草图工具"工具栏上的"显示所有约束"按钮，取消显示施加到草图的所有几何约束，如图 2.34 所示。

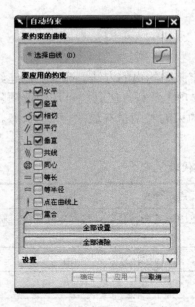

图 2.32 "自动约束"对话框

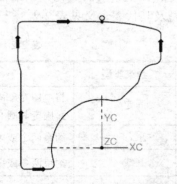

图 2.33 激活"显示所有约束"示例

(4) 不显示约束。单击"草图工具"工具栏上的"不显示约束"按钮,隐藏施加到草图的所有几何约束,如图 2.35 所示。

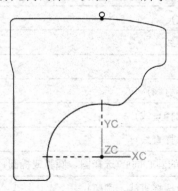

图 2.34 不激活"显示所有约束"示例

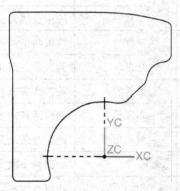

图 2.35 "不显示约束"示例

(5) 显示/移除约束。单击"草图工具"工具栏上的"显示/移除约束"按钮,打开"显示/移除约束"对话框,如图 2.36 所示。从中可显示草图对象的几何约束信息,并可移除指定的约束或移除列表中的所有约束。该对话框中各选项的含义说明如下。

① 约束列表。

选定的对象:一次只能选择显示一个对象的约束。

选定的对象:一次可以选择显示一个或多个对象的约束。

活动草图中的所有对象:显示草图中所有几何约束。

② 约束类型:过滤在列表框中显示的约束类型。

包含:指定的约束类型是列表框中唯一显示的类型。

排除:指定的约束类型是列表框中唯一不显示的类型。

③ 显示约束。

Explicit(显式)：显示所有由用户显式或非显式创建的约束，包括所有非自动判断的重合约束，但不包括所有系统在曲线创建期间自动判断的重合约束。

自动判断：显示所有自动判断的重合约束，它们是在曲线创建期间由系统自动创建的。

两者皆是：显示显式的和自动判断两种类型的约束。

④ 移除高亮显示的：移除一个或多个在"显示约束"列表窗口中选择的约束。

⑤ 移除所列的：移除在"显示约束"列表窗口中所有列出的约束。

当光标在绘图区草图对象上移动时，与之约束的草图对象会以系统颜色高亮显示，并显示约束类型的约束标记。当草图对象上没有添加约束时，不会出现高亮显示和约束标记。

(6) 转换至/自参考对象：可以将草图曲线(但不是点)或草图尺寸由活动对象转换为参考对象，或由参考对象转换为活动对象。参考尺寸不控制草图几何图形，默认情况下，参考曲线用双点划线显示，如图 2.37 所示。

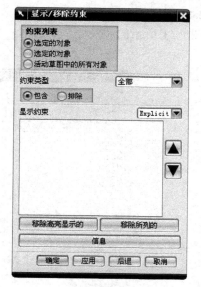

图 2.36 "显示/移除约束"对话框

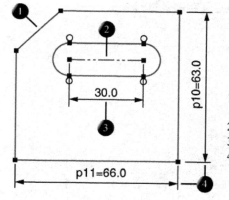

图 2.37 "转换至/自参考对象"示例

(7) 备选解。使用此命令可针对尺寸约束和几何约束显示备选解，可供选择一个需要的方案。图 2.38 所示为尺寸 p12 的两种方案。

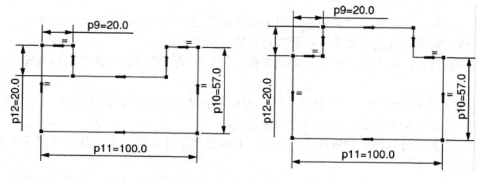

图 2.38 "备选解"示例

(8) 自动判断约束。可在曲线构造过程中自动判断出符合约束条件的曲线并自动添加相应的约束。

单击"草图工具"工具栏上的"自动判断约束"按钮，打开"自动判断约束"对话框，如图 2.39 所示。从中可选择在曲线构造过程中需要自动添加的约束。

(9) 创建自动判断的约束。可在创建或编辑草图几何图形时，启用或禁用"自动判断的约束"，相当于一个控制开关。如果要临时禁用"自动判断的约束"，只需在创建几何图形时按住 Alt 键即可。

3. 尺寸约束

尺寸约束就是为草图对象标注尺寸，但它不是通常意义的尺寸标注，而是通过给定尺寸来驱动、限制和约束草图几何对象的大小和形状。

(1) 自动判断的尺寸。单击"草图工具"工具栏中的"自动判断的尺寸"按钮，打开"尺寸"工具条，有 3 种用于尺寸约束的选项，如图 2.40 所示。

① 草图尺寸对话框。单击该按钮，将弹出如图 2.41 所示的"尺寸"对话框。其中各区域或选项含义如下。

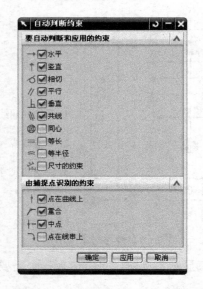

图 2.39 　"自动判断约束"对话框　　图 2.40 　"尺寸"工具栏　　图 2.41 　"尺寸"对话框

尺寸命令：对话框顶部的按钮，用于选择创建自动判断的或显式尺寸的命令。

表达式列表：列出当前草图中所有尺寸的名称和值。

当前表达式：用于编辑选定尺寸的名称和值。可从"表达式列表"或图形窗口中选择尺寸。

$\boxed{\times}$ 移除高亮显示的：可以删除从图形窗口或表达式列表中选定的尺寸。

值：通过拖动滑块更改选定尺寸约束的值。

尺寸放置：可以指定放置尺寸的方式：自动放置、手工放置且箭头在内或手工放置且箭头在外。

指引线方向：使用下拉选项指定指引线从尺寸文本延伸的方向，包括"指引线从左侧指过来"和"指引线从右侧指过来"两个选项。

固定文本高度：选中该复选框，在缩放草图时会使尺寸文本维持恒定的大小。取消选中该复选框，在缩放的时候会同时缩放尺寸文本和草图几何图形。

创建参考尺寸：选中这个复选框，可创建参考尺寸。

创建内错角：计算并创建草图曲线之间的最大尺寸，选中该复选框与否，其效果如图 2.42 所示。

② ⚏ 创建参考尺寸：激活这个选项，可创建参考尺寸。

③ ⚙ 创建内错角：作用同前述。

(2) 建立尺寸约束的步骤如下。

① 单击一个尺寸标注图标后，选择要标注尺寸的对象，移动鼠标指定一点(单击)，定位尺寸的放置位置，此时将弹出一个"尺寸表达式"窗口，如图 2.43 所示。

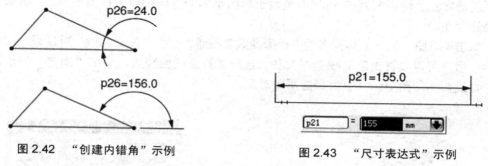

图 2.42　"创建内错角"示例　　　　图 2.43　"尺寸表达式"示例

② 指定尺寸表达式的值，则尺寸驱动草图对象至指定的值，用鼠标拖动尺寸可调整尺寸的放置位置。

③ 单击鼠标中键或再次单击所选择的尺寸图标完成尺寸标注。

④ 选择任何一个尺寸标注命令时，选择一个尺寸标注(单击)；或在没有选择任何尺寸标注命令时，双击一个尺寸标注。此时，系统将弹出一尺寸表达式窗口，可以编辑一个已有的尺寸标注。

**特别提示**

如果所施加尺寸与其他几何约束或尺寸约束发生冲突，称为约束冲突。这时系统会改变尺寸标注和草图对象的颜色，颜色将变为粉红色。对于约束冲突(几何约束或尺寸约束)，无法对草图对象按约束驱动。

4. 草图操作

草图操作主要包括添加现有曲线、交点、相交曲线、投影曲线、偏置曲线和镜像曲线等操作功能，如图 2.44 所示。

图 2.44　"草图操作"工具栏

(1) 添加现有曲线：将图形窗口中现有的不属于草图对象的曲线、点、椭圆、抛物线和双曲线等添加到活动草图中。

**特别提示**

只有未使用的基本曲线才能添加到草图，已经用于拉伸、旋转、扫描的基本曲线不能添加到活动草图中。

(2) 交点：在指定几何体通过草图平面的位置创建一个关联点和基准轴。

(3) 相交曲线：在一组相切连续面与草图平面相交处创建一个光顺的曲线链，如图 2.45 所示为草图平面与多个曲面相交的曲线。

(4) 投影曲线：投影曲线是指将能够抽取的对象(关联和非关联曲线和点或捕捉点，包括直线的端点及圆弧和圆的中心)沿垂直于草图平面的方向投影到草图平面上，而原来的曲线仍然存在。

单击"草图工具"工具栏上的"投影曲线"按钮，打开"投影曲线"对话框，如图 2.46 所示。用户可以设置投影曲线是否关联。选择要投影的曲线后，单击"确定"按钮。所选对象将投影到草图中，并成为当前草图对象。

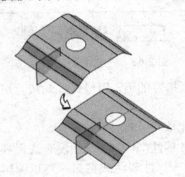

图 2.45　"相交曲线"示例　　　　　图 2.46　"投影曲线"对话框

(5) 偏置曲线：对当前的曲线链、投影曲线或者曲线/边进行偏置，并使用"偏置"约束来约束几何对象。草图生成器使用图形窗口符号来标识基链和偏置链，并在基链和偏置链之间创建偏置尺寸。

单击"草图工具"工具栏中的"偏置曲线"按钮，打开"偏置曲线"对话框，如图 2.47 所示。其中各参数说明如下。

① "要偏置的曲线"选项区域。

选择曲线：选择要偏置的曲线或曲线链。

② "偏置"选项区域。

距离：指定偏置距离，只有正值才有效。

反向：使偏置链的方向反向。

创建尺寸：在基链和偏置曲线链之间创建一个厚度尺寸。

对称偏置：在基链的两边各创建一个偏置链。

副本数：指定要生成的偏置链的副本数。UG NX 6.0 将偏置链的每个副本按照距离参

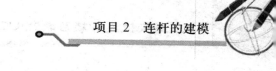

数所指定的值进行偏置。

端盖选项:"延伸端盖"通过沿着曲线的自然方向将其延伸到实际交点来封闭偏置链;"圆弧帽形体"通过为偏置链曲线创建圆角来封闭偏置链,圆角半径等于偏置距离。

③ "设置"选项区域。

转换要引用的输入曲线:将输入曲线转换为参考曲线。输入曲线必须位于活动草图上。

阶次:在偏置艺术样条时指定阶次,默认值为 3。

公差:在偏置艺术样条、二次曲线或椭圆时指定公差。

偏置曲线操作如图 2.48 和图 2.49 所示。

图 2.47 "偏置曲线"对话框

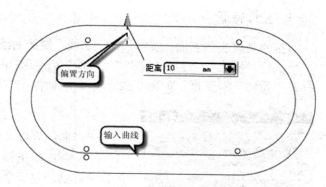

图 2.48 "偏置曲线"示例 1

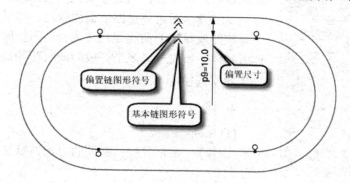

图 2.49 "偏置曲线"示例 2

(6) 镜像曲线。镜像曲线是将草图对象以一条直线为对称中心线,镜像复制成新的草图对象。镜像复制的草图对象与原草图对象具有相关性,并自动创建镜像约束。单击"草图工具"工具栏上的"镜像曲线"按钮,打开"镜像曲线"对话框,如图 2.50 所示。

镜像曲线操作如图 2.51 所示。

图 2.50 "镜像曲线"对话框

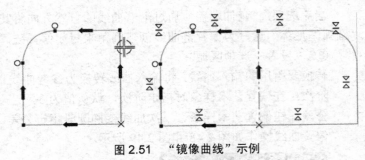

图 2.51 "镜像曲线"示例

 **特别提示**

凡是对称的图形，一般应采用镜像草图命令创建，系统将镜像几何约束应用到所有几何图形，不需要再对镜像草图施加任何几何约束和尺寸约束。否则，需要很多的几何约束和尺寸约束才能达到完全约束的目的。

### 2.3.3 拉伸特征

拉伸是将实体表面、实体边缘、曲线、链接曲线或者片体通过拉伸生成实体或者片体。

执行"插入"|"设计特征"|"拉伸"命令(或单击"特征"工具栏中的"拉伸"按钮)，打开"拉伸"对话框，如图 2.52 所示。对话框中常用选项说明如下。

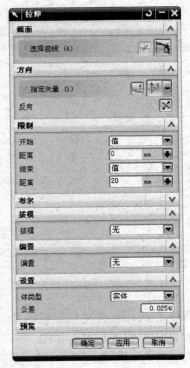

图 2.52 "拉伸"对话框

**1．截面**

选择曲线有以下两种方法。

(1) 单击该按钮进入草图环境，打开草图生成器，在其中可以创建一个处于特征内部的截面草图。在退出草图生成器时，草图被自动选作要拉伸的截面。

(2) 指定要拉伸的曲线或边。如果指定的截面是一个开放的或封闭的曲线集或边集合，则拉伸体将成为一个片体或实体。如果选择多个开放的或封闭的截面，则将形成多个片体或实体。

**2．方向**

(1) 指定矢量。

① 指定要拉伸截面的方向，默认方向为选定截面的法向。

② 可使用曲线、边或任意标准矢量类型指定拉伸的方向。

(2) 反向：将拉伸方向切换为截面的另一侧。

**3．限制**

该选项区域用于确定拉伸的开始和终点位置。

(1) 值：设置值，确定拉伸开始或终点位置。在截面上方的值为正，在截面下方的值为负。

(2) 对称值：向两个方向对称拉伸。

(3) 直至下一个：终点位置沿箭头方向、开始位置沿箭头反方向，拉伸到最近的实体表面。

(4) 直至选定对象：开始、终点位置位于选定对象。

(5) 直到被延伸：拉伸到选定面的延伸位置。

(6) 贯通：当有多个实体时，通过全部实体。

(7) 距离：用户在文本框输入的值。当开始和终点选项中的任何一个设置为值或对称值时出现。

### 4. 布尔

该选项区域允许用户指定拉伸特征与创建该特征时所接触的其他体之间交互的方式。

(1) 无：创建独立的拉伸实体。

(2) 求和：将两个或多个拉伸体合成为一个单独的体。

(3) 求差：从目标体移除拉伸体。

(4) 求交：创建一个体，这个体包含由拉伸特征和与之相交的现有体共有的体积。

### 5. 拔模

该选项区域用于设置拔模角和拔模类型。

(1) 无：不创建任何拔模。

(2) 从起始限制：创建一个拔模，拉伸形状在起始限制处保持不变，从该固定形状处将拔模角应用于侧面，如图 2.53 所示。

(3) 从截面：创建一个拔模，拉伸形状在截面处保持不变，从该截面处将拔模角应用于侧面，如图 2.54 所示。

(4) 从截面-不对称角：仅当从截面的两侧同时拉伸时可用，如图 2.55 所示。

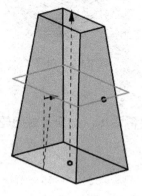　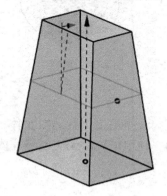　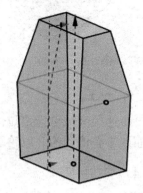

图 2.53　从起始限制　　　　图 2.54　从截面　　　　图 2.55　从截面-不对称角

(5) 从截面-对称角：仅当从截面的两侧同时拉伸时可用，如图 2.56 所示。

(6) 从截面匹配的终止处：仅当从截面的两侧同时拉伸时可用，如图 2.57 所示。

(7) 多个角度：向拉伸特征的每个面指定一个拔模角，如图 2.58 所示。

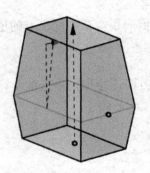
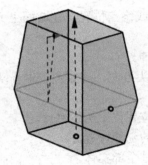
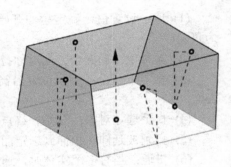

图 2.56 从截面-对称角　　图 2.57 从截面匹配的终止处　　图 2.58 多个角度

6. 偏置

该选项区域用于设置偏置的开始、终点值，以及单侧、双侧、对称的偏置类型。在开始和结束框中或在它们的动态输入框中输入偏置值即可。还可以通过拖动偏置滑块实现偏置的设置。

(1) 无：不创建任何偏置。

(2) 单侧：只有对于封闭、连续的截面曲线，该项才能使用。该类型只有终点偏置值，形成一个偏置的实体，如图 2.59 所示。

(3) 两侧：偏置为开始、终点两条边。偏置值可以为负值，如图 2.60 所示。

(4) 对称：向截面曲线两个方向偏置，偏置值相等，如图 2.61 所示。

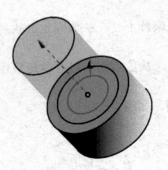
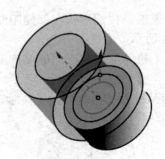

图 2.59 单侧　　　　　　图 2.60 两侧　　　　　　图 2.61 对称

7. 设置

该选项区域可指定拉伸特征为一个或多个片体或实体。要获得实体，必须为封闭轮廓截面或带有偏置的开放轮廓截面。使用偏置时无法创建片体。

2.3.4 回转特征

回转是指将截面曲线沿指定轴旋转一定角度，以生成实体或片体。

执行"插入"|"设计特征"|"回转"命令(或单击"特征"工具栏中的"回转"按钮)，打开"回转"对话框，如图 2.62 所示。

对话框中常用选项说明如下。

(1) 截面：选择曲线、边、草图或面进行回转。

(2) 轴：指定矢量作为旋转轴，可以使用曲线或边来指定轴。

(3) 限制：限制回转体的相对两端，绕旋转轴回转的度数范围为 0°～360°。

① 值：设置旋转角度值。

② 直至选定对象：指定作为回转的起始或终止位置的面、实体、片体或相对基准平面。

(4) 布尔：允许用户指定回转特征与创建该特征时所接触的其他体之间交互的方式。

① 无：创建独立的回转实体。

② 求和：将两个或多个回转体合成为一个单独的体。

③ 求差：从目标体移除回转体。

④ 求交：创建一个体，这个体包含由回转特征和与之相交的现有体共有的体积。

(5) 偏置：使用此选项创建回转特征的偏置，用户可以分别指定截面每一侧的偏置值。

① 无：不创建任何偏置。

② 两侧：向回转截面的两侧添加偏置。选择此项将显示偏置的起始框和终止框，在其中输入偏置值。添加偏置前后的效果如图 2.63 所示。

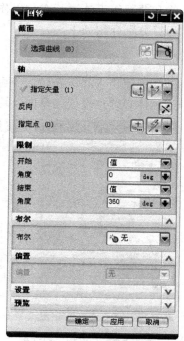

图 2.62 "回转"对话框

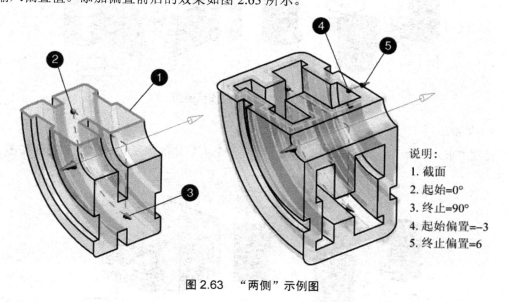

说明：

1. 截面

2. 起始=0°

3. 终止=90°

4. 起始偏置=-3

5. 终止偏置=6

图 2.63 "两侧"示例图

### 2.3.5 布尔操作

布尔操作在实体建模中应用很多，用于实体建模中的各个实体之间的求和、求差和求交操作。布尔操作中的实体称为工具体和目标体，只有实体对象才可以进行布尔操作，曲线和曲面等无法进行布尔操作。完成布尔操作后，工具体成为目标体的一部分。3 种布尔运算分别介绍如下。

### 1. 求和

使用"求和"布尔命令可将两个或多个工具实体的体积组合为一个目标体。目标体和工具体必须重叠或共享面，这样才会生成有效的实体。

图 2.64 "求和"对话框

单击"特征操作"工具栏上的"求和"按钮，打开"求和"对话框，如图 2.64 所示。对话框中常用选项说明如下。

(1) 目标。

"选择体"用于选择目标实体以与一个或多个工具实体加在一起。

(2) 刀具。

"选择体"用于选择一个或多个工具实体以修改选定的目标体。

(3) 设置。

① 保持目标：以未修改状态保存目标体的副本。

② 保持工具：以未修改状态保存选定刀具体的副本。

"求和"的操作如图 2.65 所示。

图 2.65 "求和"操作示例图

### 2. 求差

使用"求差"命令将从目标体中移除一个或多个工具体的体积。"求差"的操作如图 2.66 所示。

图 2.66 "求差"操作示例图

### 3. 求交

使用"求交"命令将创建包含目标体与一个或多个工具体的共享体积或区域的体。"求交"的操作如图 2.67 所示。

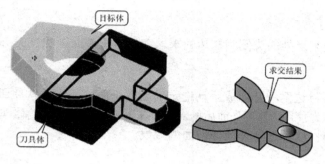

图 2.67　"求交"操作示例图

### 2.3.6　边倒圆特征

边倒圆特征是指用指定的倒圆尺寸将实体的边缘变成圆柱面或圆锥面，倒圆尺寸为构成圆柱面或圆锥面的半径。边倒圆分为等半径倒圆和变半径倒圆。

执行"插入"|"细节特征"|"边倒圆"命令，打开"边倒圆"对话框，如图 2.68 所示。对话框中的常用选项说明如下。

#### 1. 要倒圆的边

"选择边"选项用于为边倒圆选择边。

#### 2. 可变半径点

该选项区域可以通过向边倒圆添加半径值不变的点来创建可变半径圆角，如图 2.69 所示为添加的 6 个可变半径点及倒圆后的效果。

图 2.68　"边倒圆"对话框

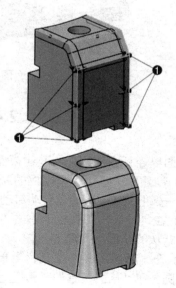

图 2.69　"可变半径点"示例图

**3. 拐角回切**

该选项区域可以通过向拐角添加缩进点并调节其与拐角顶点的距离来更改拐角的形状。如图 2.70 所示为应用"拐角回切"前后的对比。

**4. 拐角突然停止**

该选项区域使某点处的边倒圆在边的末端突然停止，如图 2.71 所示。

**5. 修剪**

该选项区域可将边倒圆修剪成手动选定的面或平面，而不是软件通常使用的默认修剪面。如图 2.72 所示为使用"修剪"前后的对比。左图是由系统默认的修建面 2 创建的倒圆 1，右图为使用"修剪"选项选定 3 为修剪面的效果。

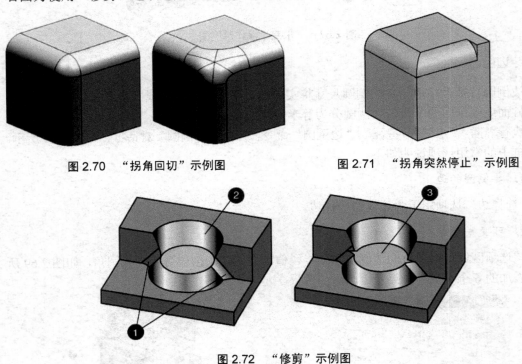

图 2.70 "拐角回切"示例图     图 2.71 "拐角突然停止"示例图

图 2.72 "修剪"示例图

## 2.4 建 模 操 作

下面以连杆为例，介绍其建模操作过程。

(1) 创建一个基于模型模板的新公制部件，并输入 liangan.prt 作为该部件的名称。单击"确定"按钮，UG NX 6 会自动启动"建模"应用程序。

(2) 在"特征"工具栏上单击"草图"按钮，打开"创建草图"对话框，单击"确定"按钮以默认的草图平面绘制草图。

(3) 在"草图工具"工具栏上单击"圆"按钮，打开"圆"工具条。以原点为圆心绘制一个圆。在"草图工具"工具栏上单击"□"按钮，标注大圆的直径为80。此时大圆已经完全约束，如图 2.73 所示。

(4) 在大圆的右侧再画一个小圆，如图 2.74 所示。

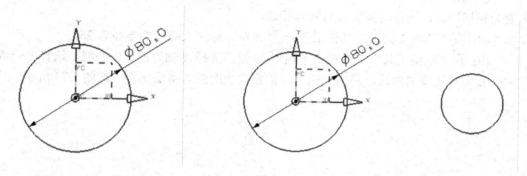

图 2.73　绘制大圆　　　　　　　　图 2.74　绘制小圆

(5) 在"草图工具"工具栏上单击"约束"按钮，选择小圆的圆心和 $X$ 轴，单击 ⎸ 按钮约束小圆圆心在 $X$ 轴上。在"草图工具"工具栏上单击 按钮，标注小圆的直径为 48，标注两圆心之间的距离为 180。对草图进行完全约束，如图 2.75 所示。

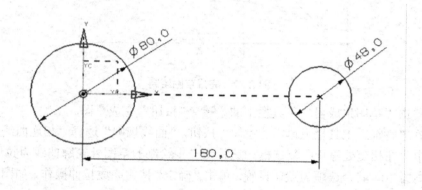

图 2.75　添加约束

(6) 在"草图工具"工具栏上单击 按钮，在弹出的工具栏上单击 按钮，分别捕捉两圆上一点和两圆之间靠上方的一点，绘制一个圆弧，如图 2.76 所示。

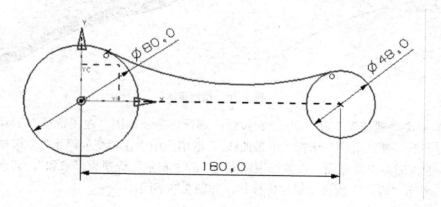

图 2.76　绘制圆弧

(7) 在"草图工具"工具栏上单击"约束"按钮，选择小圆与上一步绘制的圆弧，两者为相切约束，同样约束大圆与圆弧相切。

(8) 在"草图工具"工具栏上单击 按钮，标注大圆弧的半径为 250。

(9) 在"草图工具"工具栏上单击 按钮，选择 X 轴为镜像中心线，选择上一步绘制的圆弧为要镜像的曲线，单击"确定"按钮完成圆弧的镜像操作，如图 2.77 所示。

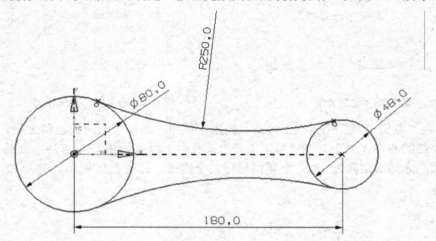

图 2.77　完成草图绘制

(11) 单击"草图生成器"工具栏上的 按钮，完成草图。

(12) 在"特征"工具栏上单击"拉伸"按钮，"曲线规则"选择"相连曲线"，单击 按钮，选中"在相交处停止"复选框，选择上一步绘制的草图外轮廓曲线为拉伸截面，设置结束距离为 10，其余选项为默认设置，单击"确定"按钮完成拉伸操作，如图 2.78 所示。

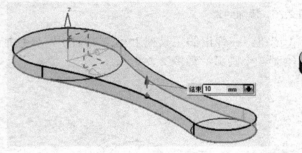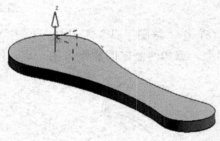

图 2.78　拉伸实体

(13) 单击"视图"工具栏上的 按钮，选择静态线框图，在"特征"工具栏上单击"拉伸"按钮，"曲线规则"选择"单条曲线"，取消选中"在相交处停止"复选框，选择直径为 80 的大圆为拉伸截面，设置结束距离为 26，"布尔"选项为"求和"，其余选项为默认设置，单击"确定"按钮完成拉伸操作，如图 2.79 所示。

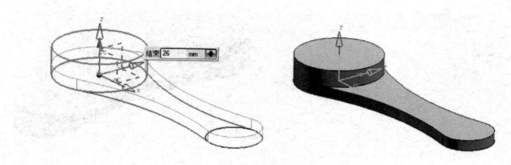

**图 2.79　拉伸大圆实体并求和**

(14) 按同样的方法在实体表面的右端拉伸直径为 48、高为 20 的圆柱体，拉伸体与原来的实体求和，结果如图 2.80 所示。

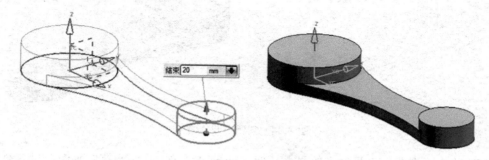

**图 2.80　拉伸小圆实体并求和**

(15) 单击"静态线框图"按钮 $\boxed{\phantom{x}}$ ，选择 $XC\text{-}ZC$ 平面为草图平面，绘制并约束如图 2.81 所示的草图曲线。

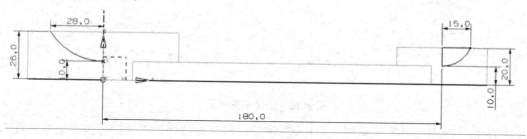

**图 2.81　绘制草图曲线**

(16) 单击"草图生成器"工具栏上的 完成草图 按钮，完成草图。

(17) 在"特征"工具栏上单击"回转"按钮，"曲线规则"选择"单条曲线"，选择上一步绘制的大圆弧为回转曲线，选择 Z 轴为矢量轴，"布尔"选项为"求差"，其余选项为默认设置，单击"应用"按钮完成回转操作，单击"视图"工具栏上的 $\boxed{\phantom{x}}$ 按钮，让模型以"带边着色"显示，如图 2.82 所示，创建大凹球面，如图 2.83 所示。

(18) 单击"视图"工具栏上的 $\boxed{\phantom{x}}$ 按钮，"曲线规则"选择"相连曲线"，选择上一步绘制的小圆弧连线为回转截面，选择其中的竖直线为矢量轴，"布尔"选项为"求差"，其余选项为默认设置，单击"确定"按钮完成回转操作。单击"视图"工具栏上的 $\boxed{\phantom{x}}$ 按钮，让模型以"带边着色"显示，创建小凹球面，如图 2.84 所示。

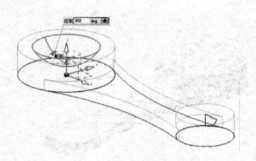

图2.82 创建"回转"操作并求差

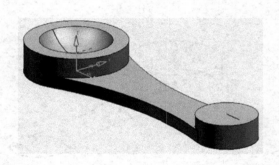

图2.83 创建大凹球面

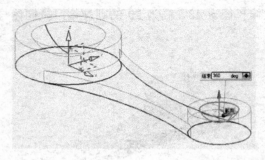

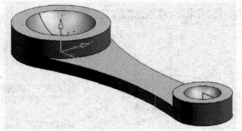

图2.84 创建小凹球面

(19) 单击"视图"工具栏上的 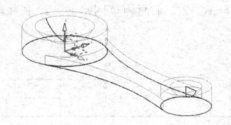 按钮，选择 *XC-YC* 平面为草图平面，进入草图环境，如图2.85所示。

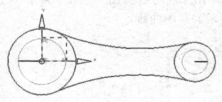

图2.85 选择草图平面

(20) 在"草图工具"工具栏上单击 按钮，将"曲线规则"选项设为"单条曲线"，分别将图2.85箭头所指的大圆边向内偏置10,其他圆弧边向内偏置6,结果如图2.86所示。

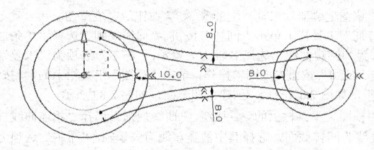

图2.86 绘制草图曲线

(21) 在"草图工具"工具栏上单击 [ ] 按钮，将上一步绘制的圆和圆弧相交处均倒半径为 6 的圆角，结果如图 2.87 所示。

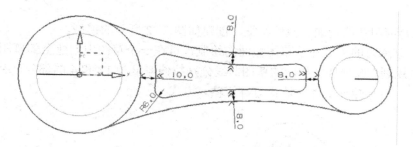

图 2.87　绘制"圆角"曲线

(22) 单击"草图生成器"工具栏上的 [完成草图] 按钮，完成草图。

(23) 在"特征"工具栏上单击"拉伸"按钮，选择上一步绘制的草图为拉伸截面，设置拉伸矢量向上，"开始"值为 6，"结束"值为 10，"布尔"选项为"求差"，其余选项为默认设置，单击"确定"完成拉伸操作，如图 2.88 所示。

(24) 在"特征操作"工具栏上单击"边倒圆"按钮，选择大、小圆柱与平面相交处的两条边，设置倒圆半径分别为 10 和 6，单击"应用"按钮完成倒圆操作，如图 2.89 所示。

图 2.88　拉伸实体并求差

图 2.89　选择要倒圆的边

(25) 继续创建"边倒圆"的操作，将"曲线规则"选项设为"相切曲线"，选择如图 2.90 所示的各条边，设置倒圆半径为 2，单击"确定"按钮完成倒圆操作。

(26) 对基准坐标系和草图曲线进行隐藏处理，单击"视图"工具栏上的 [ ] 按钮，让模型以"着色"显示，最终结果如图 2.91 所示，保存文件。

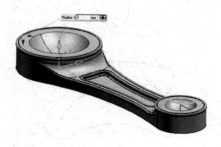

图 2.90　选择要倒圆的边

图 2.91　"边倒圆"结果

# 2.5 拓 展 实 训

(1) 综合应用草图功能、拉伸特征，创建如图 2.92 所示的模型。

提示：该练习的关键在于草图截面的绘制，可在一个草图中创建全部草图曲线，然后利用"曲线规划"选项选择相应的草图曲线分别拉伸厚度为 12 和 4 的部分，由于筋板居中布置的特点，可在拉伸实体时选择对称值输入方式。

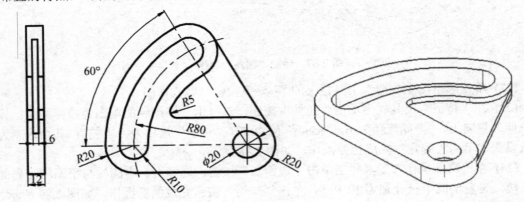

图 2.92　实训 1 图形　　　　　　　　　　　　　　　　　　　🔴视频 2.92

(2) 综合应用草图功能、回转特征、拉伸特征和边倒圆特征创建如图 2.93 所示的模型。

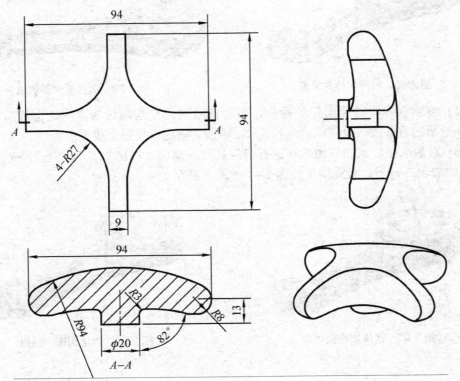

图 2.93　实训 2 图形　　　　　　　　　　　　　　　　　　　🔴视频 2.93

提示：该练习可分两步完成。第一步先参照图 2.93 左下方图形尺寸绘制草图，通过回转功能创建未切除 4 只角的模型，如图 2.94 所示；第二步用草图功能绘制如图 2.93 左上方所示的草图，再拉伸草图与第一步创建的模型求交，最终结果如图 2.95 所示。

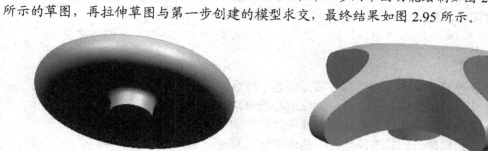

图 2.94　实训 2 初步模型

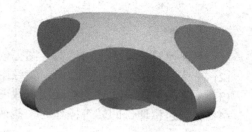

图 2.95　实训 2 最终模型

# 2.6　任 务 小 结

　　本项目主要介绍了草图功能和特征建模，完成草图曲线的创建和约束、拉伸特征、回转特征、边倒圆和布尔特征操作等任务。在实体建模过程中，一般将特征建模和草图绘制结合起来，可以通过草图功能绘制大概曲线轮廓，然后对曲线轮廓进行尺寸和几何约束来准确地表达用户的设计意图，再辅以拉伸、旋转和扫掠等实体建模方法创建主体模型，最后用边倒圆等细节特征作为修饰。

　　尽管草图没有完全约束也可以进行后续的特征创建，但最好还是将草图完全约束。完全约束的草图可以保证设计在更改期间解决方案能始终一致。

　　边倒圆特征操作应该遵循先大后小、先少后多、同类型的边一起倒和先支路后干路等原则。同时边倒圆特征应尽量放在建模后期进行，这样不仅可以减少对其他参数的影响，还可以减轻系统显示和运算的负担，减少计算时间，提高设计建模效率。

# 习　　题

1. 选择题

(1) 草图平面不能是(　　)。

　　A．实体平表面　　　B．任一平面　　　C．基准面　　　D．曲面

(2) 下面哪个图标是草图中"镜像"命令？(　　)

　　A．　　　B．　　　C．　　　D．

(3) 下列哪个图标不属于草图中的"尺寸约束"？(　　)

　　A．　　　B．　　　C．　　　D．

(4) 通过绕一给定轴以非零角度旋转截面曲线建立一旋转体特征，生成全圆形或部分圆形体的是(　　)。

　　A．扫掠　　　　B．拔模　　　　C．回转　　　　D．拉伸

(5) 下列哪个图标不属于草图中的几何约束？(　　)

A. 　　　　　　B. 　　　　　　C. 　　　　　　D.

(6) 封闭的曲线绕旋转轴旋转 360°得到的是(　　)。

A. 实体　　　　　　B. 片体　　　　　　C. 交叉体　　　　　　D. 不能确定

2. 判断题

(1) 不宜使用一未完全约束的草图去创建一特征。　　　　　　　　　　　　(　　)

(2) 在草图的镜像操作过程中，镜像中心线自动转变成参考线。　　　　　　(　　)

(3) 在草图中，当曲线的约束状态改变时，它的颜色会相应发生变化。　　　(　　)

(4) 在创建拉伸、回转等操作时，截面曲线必须是一组封闭的曲线串。　　　(　　)

3. 操作题

(1) 绘制如图 2.96 所示的草图并完全约束。

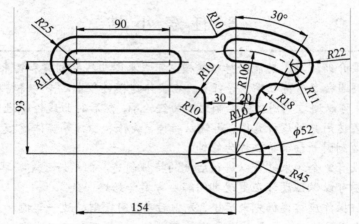

图 2.96　草图练习题图　　　　　　　　　　　　　🔵视频 2.96

(2) 已知零件的工程图如图 2.97 所示，建立其实体模型。

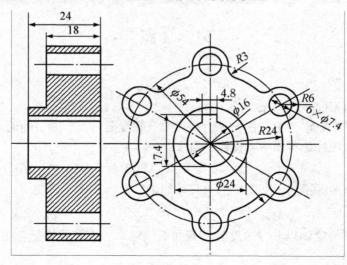

图 2.97　法兰盘工程图　　　　　　　　　　　　　🔵视频 2.97

# 项目 3

# 弹簧的建模

## 学习目标

通过本项目的学习，了解 UG NX 6 建模模块中的曲线功能与草图功能的区别；掌握基本曲线和复杂曲线的创建方法；综合运用曲线的创建和编辑、工作坐标系变换、扫掠和回转等特征命令实现弹簧等实体建模。

## 学习要求

| 能力目标 | 知识要点 | 权重 |
|---|---|---|
| 能灵活运用曲线功能命令，创建直线、圆、圆弧、椭圆、正多边形、样条曲线、螺旋线等各种曲线 | 了解曲线功能与草图功能的区别，熟悉各类曲线创建的基本方法，掌握曲线创建的一般步骤和关键技巧 | 30% |
| 能使用曲线绘制和曲线编辑等命令创建实体的轮廓曲线、截面曲线和辅助线等 | 熟练掌握曲线绘制和曲线编辑的综合应用方法 | 30% |
| 通过曲线创建和编辑，改变工作坐标系，使用拉伸、回转、扫掠等特征命令，创建弹簧、碗体等实体模型 | 掌握曲线功能、工作坐标系变换、实体建模特征命令的综合应用 | 40% |

## 引例

弹簧是一种利用弹性来工作的机械零件，其应用范围很广：①控制机件运动，如内燃机中的阀门弹簧、离合器中的控制弹簧等；②吸收振动和冲击能量，如汽车、火车车厢下的缓冲弹簧、联轴器中的吸振弹簧等；③储存及输出能量作为动力，如钟表弹簧、枪械中的弹簧等；④用作测力元件，如测力器、弹簧秤中的弹簧等。弹簧的种类复杂多样，按形状分，主要有螺旋弹簧、涡卷弹簧、板弹簧等，如图 3.1 所示。

(a) 迪士尼弹簧狗           (b) 弹簧件

图 3.1   弹簧的实际应用

# 3.1 任 务 导 入

　　根据图 3.2 所示的螺旋弹簧结构简图建立其三维模型。通过该项目的训练，初步掌握曲线绘制、曲线操作和曲线编辑等命令，综合运用曲线的创建和编辑、工作坐标系变换、扫掠和回转等命令创建零件实体模型。

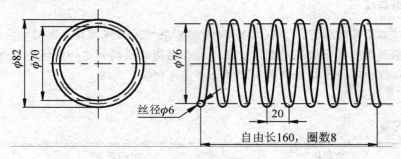

图 3.2   螺旋弹簧结构简图

# 3.2 任 务 分 析

　　图 3.3 所示为沿螺旋线扫掠而形成的螺旋弹簧模型。螺旋曲线并非简单的平面曲线，无法在草图平面上绘制，需要使用"螺旋线"曲线命令。首先创建一条螺旋线，然后在螺

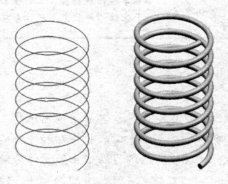

图 3.3   螺旋线及螺旋弹簧模型           视频 3.3

旋线端部的法面上创建弹簧钢丝截面圆形曲线，最后通过选择圆形截面曲线，沿螺旋线扫掠形成弹簧实体模型。完成本项目任务，需要先正确绘制螺旋曲线，然后将工作坐标系原点移动至螺旋线端点，并旋转坐标系使 *XC-YC* 平面垂直于螺旋线，运用"基本曲线"创建圆，通过扫掠特征命令完成建模。因此，需要重点学习曲线绘制和操作的知识，然后应用曲线功能和特征建模方法完成本任务。

# 3.3  任务知识点

创建和编辑曲线是构建模型的基础。在 UG NX 6 中，曲线可以作为建模实体的截面轮廓线，通过对其拉伸、旋转和扫描来构建三维实体；也可以通过直纹面、曲线组以及曲面网格来构建复杂的曲面实体；还可以将曲线作为创建实体的辅助线等。

## 3.3.1  "曲线"工具栏简介

常用的曲线绘制命令包括直线、圆弧/圆、基本曲线、多边形、椭圆、抛物线、双曲线、螺旋线、偏置曲线样条。常用的操作包括桥接曲线、投影曲线、相交曲线等，如图 3.4 所示。

**图 3.4  "曲线"工具栏**

## 3.3.2  曲线绘制工具

### 1. 直线

该命令用来创建直线。在菜单栏中执行"插入"|"曲线"|"直线"命令，或单击"曲线"工具栏中的 ╱ 按钮，打开"直线"对话框，如图 3.5 所示。

(1) "直线"对话框各选项功能如下。

① 起点：在绘图区域中选择、绘制直线的起点。

② 终点或方向：通过该选项选择、绘制直线的终点。

(2) 直线绘制。

① 进入建模模块，选择"直线"命令，打开"直线"对话框。

② 设置起点，选择已有创建点作为起点，如坐标原点，如图 3.6 所示的"点 1"。

③ 设置终点，可选择已有创建点作为终点，也可以单击鼠标后，在弹出的坐标对话框中输入终点的坐标值，如图 3.6 所示的"点 2"和坐标对话框。

④ 单击"直线"对话框中的"确定"按钮，完成直线绘制操作。

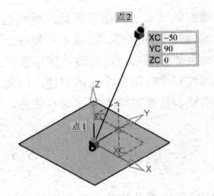

图 3.5 "直线"对话框        图 3.6 直线绘制

2. 圆弧/圆

该命令用来创建圆弧或圆。在菜单栏执行"插入"|"曲线"|"圆弧/圆"命令，或单击"曲线"工具栏中的⌒按钮，打开"圆弧/圆"对话框，如图 3.7 所示。

"圆弧/圆"对话框各选项功能介绍如下。

(1) 类型：系统提供了"三点画圆弧"和"从中心开始的圆弧/圆"两种方式，如图 3.7 和图 3.8 所示。

图 3.7 "圆弧/圆"对话框——三点画圆弧方式　图 3.8 "圆弧/圆"对话框——从中心开始的圆弧/圆方式

(2) "三点画圆弧"方式。

① 起点：选择和绘制圆弧的起点。

② 端点：选择和绘制圆弧的端点。

③ 中点：选择和绘制圆弧的中点，也可选择"半径"选项，输入要创建的圆弧半径。

④ 半径：通过指定圆弧半径创建圆弧。

(3) "从中心开始的圆弧/圆"方式。

① 中心点：选择和绘制圆弧的圆心。

② 通过点：选择和绘制圆弧上一点，也可选择"半径"选项，输入要创建的圆弧半径。

③ 半径：通过指定圆弧半径创建圆弧。

④ 限制：通过设置圆弧的起始角度限制和终止角度限制，创建圆弧起点和端点。

**3. 基本曲线**

该命令用来创建基本曲线，包括直线、圆弧、圆和圆角。

单击"曲线"工具栏中的 ⌒ 按钮，打开"基本曲线"对话框和"跟踪条"对话框，如图 3.9 和图 3.10 所示。

(1) "直线"方式。这是"基本曲线"命令的默认方式。

① 无界：选中该复选框，可绘制一条向两端延长且无边界的直线，取消选中"线串模式"复选框，该选项将被激活。

② 增量：用于以增量模式绘制直线，给定起点后，可以直接在绘图区域内指定结束点，也可以在"跟踪条"对话框中输入结束点相对于起点的增量。

③ 点方法：通过下拉列表设置点的选择方式。

④ 线串模式：选中该复选框，可绘制连续曲线，直到单击  按钮为止。

**图 3.9 "基本曲线"对话框——"直线"方式**　　**图 3.10 "跟踪条"对话框——"直线"方式**

⑤ 锁定模式：在画一条与图形工作区中的已有直线相关的直线时，由于涉及对其他几何对象的操作，锁定模式记住开始选择对象的关系，随后用户可以选择其他直线。

⑥ 平行于：用来绘制平行于 XC 轴、YC 轴和 ZC 轴的平行线。

⑦ 按给定距离平行：用于绘制多条平行线，包括"原先的"和"新建"两种方式。"原先的"表示生成的平行线始终相对于用户选定曲线，通常只能生成一条平行线；"新建"表示生成的平行线始终相对于在它上一步生成的平行线，通常用来生成多条等距的平行线。

(2) "圆弧"方式。在"基本曲线"对话框中单击 ⌒ 按钮，进入"圆弧"方式，如图 3.11 和图 3.12 所示。

图 3.11 "基本曲线"对话框——"圆弧"方式　　　图 3.12 "跟踪条"对话框——"圆弧"方式

① 整圆：选中该复选框，用于绘制整圆。

② 备选解：在画圆弧过程中确定大圆弧或者小圆弧。

③ 圆弧的创建方法有"起点，终点，圆弧上的点"和"中心，起点，终点"两种方式。与"曲线"工具栏中的"圆弧/圆"命令相同。不同的是点、半径和直径的选择可在如图 3.12 所示的"跟踪条"中直接输入所需数值，也可以直接在绘图区域内指定。

(3) "圆"方式。在"基本曲线"对话框中单击 ⊙ 按钮，进入"圆"方式，如图 3.13 和图 3.14 所示，通过指定圆心，然后指定半径或直径来绘制圆。

图 3.13 "基本曲线"对话框——"圆"方式　　　图 3.14 "跟踪条"对话框——"圆"方式

"多个位置"选项表示当绘图区域内已绘制完成一个圆后，选中该复选框，在绘图区域内指定圆心，创建一个或多个与已绘制圆等半径的圆。

(4) "圆角"方式。在"基本曲线"对话框中单击 按钮，进入"圆角"方式，弹出"曲线倒圆"对话框，如图 3.15 所示。"曲线倒圆"对话框中"方法"选项区域提供了"简单圆角"、"2 曲线圆角"和"3 曲线圆角"3 种方式。

图 3.15 "曲线倒圆"对话框

① "简单圆角"方式。这是"曲线倒圆"对话框的默认方式，如图 3.15 所示。

输入半径：在对话框中输入倒圆半径数值，或单击 ![继承] 按钮，在绘图区域内选择已绘制圆弧，则倒圆半径和所选圆弧的半径相同。

单击倒圆位置：单击两条直线的倒圆处，鼠标单击点决定倒圆位置，生成倒圆并修剪两直线。

② "2 曲线圆角"方式。在"曲线倒圆"对话框中，单击 按钮，进入"2 曲线圆角"方式，对话框界面与"简单圆角"方式相同，如图 3.15 所示。

该倒圆方式不仅可以对直线倒圆，也可以对曲线倒圆，倒圆时按照选择曲线的顺序逆时针产生圆弧，在生成圆弧时，用户也可以通过"修剪选项"选项区域来决定倒圆时是否修剪被倒圆对象。

③ "3 曲线圆角"方式。在"曲线倒圆"对话框中，单击 按钮，进入"3 曲线圆角"方式，对话框界面与"简单圆角"方式相同。

该倒圆方式也是按照选择曲线的顺序逆时针产生圆弧，与"曲线圆角"方式不同的是不需要输入倒圆半径，系统自动计算半径数值。

4．多边形

该命令用来创建指定边数的正多边形。

单击"曲线"工具栏中的 按钮，打开"多边形"对话框，如图 3.16 所示。

在该对话框中的"侧面数"文本框中输入要绘制多边形的边数，单击 ![确定] 按钮，打开"多边形"生成方式对话框，如图 3.17 所示。

图 3.16 "多边形"对话框

图 3.17 "多边形"生成方式对话框

(1) "内接半径"方式：通过指定与正多边形内切的圆的半径和正多边形的中心创建正多边形。

在"多边形"生成方式对话框中单击"内接半径"按钮，打开"多边形"参数输入对话框，如图 3.18 所示。

在"内接半径"文本框中输入将绘制的多边形内切圆的半径，在"方位角"文本框中输入将绘制的多边形的方向角度，单击 确定 按钮，完成参数输入，弹出"点"对话框，如图 3.19 所示。通过"点"对话框，指定一点作为多边形的中心点，单击 确定 按钮，完成正多边形的创建。

图 3.18　"多边形"参数输入对话框(1)　　　　图 3.19　"点"对话框

(2) "多边形边数"方式：通过指定正多边形的边长和中心创建正多边形。

在如图 3.17 所示的"多边形"生成方式对话框中单击"多边形边数"按钮，弹出"多边形"参数输入对话框，如图 3.20 所示。

在"侧"文本框中输入将绘制的多边形的边长，在"方位角"文本框中输入将绘制的多边形的方向角度，单击 确定 按钮，完成参数输入，弹出"点"对话框，如图 3.19 所示。通过"点"对话框，指定一点作为多边形的中心位置，单击 确定 按钮，完成多边形创建。

(3) "外切圆半径"方式：通过指定与正多边形外接圆的半径和正多边形的中心来创建正多边形。

在如图 3.17 所示的"多边形"生成方式对话框中单击"外切圆半径"按钮，弹出"多边形"参数输入对话框，如图 3.21 所示。

在"圆半径"文本框中输入将绘制的多边形外接圆的半径，在"方位角"文本框中输入将绘制的多边形的方向角度，单击 确定 按钮，完成参数输入，弹出"点"对话框，如图 3.19 所示。通过"点"对话框，指定一点作为多边形的中心点，单击 确定 按钮，完成正多边形的创建。

图 3.20　"多边形"参数输入对话框(2)　　　　图 3.21　"多边形"参数输入对话框(3)

5. 椭圆

该命令用来创建椭圆曲线。

单击"曲线"工具栏中的 ⊙ 按钮，打开"点"对话框，如图 3.19 所示。通过"点"对话框，指定一点作为椭圆的中心点，单击 确定 按钮，弹出"椭圆"对话框，如图 3.22 所示。

在"椭圆"对话框中设置相应参数，单击 确定 按钮，完成椭圆的创建，如图 3.23 所示。

图 3.22    "椭圆"对话框

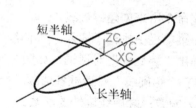

图 3.23    绘制椭圆

### 6. 抛物线

该命令用来创建抛物线。

单击"曲线"工具栏中的 ⟨ 按钮，打开"点"对话框，如图 3.19 所示。通过"点"对话框，指定一点作为抛物线的顶点，单击 确定 按钮，弹出"抛物线"对话框，如图 3.24 所示。

在"抛物线"对话框中设置相应参数，单击 确定 按钮，完成抛物线的创建，如图 3.25 所示。

图 3.24    "抛物线"对话框

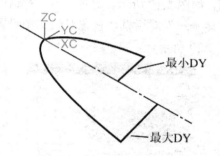

图 3.25    绘制抛物线

### 7. 双曲线

该命令用来创建双曲线。

单击"曲线"工具栏中的 ⟨ 按钮，打开"点"对话框，如图 3.19 所示。通过"点"对话框，指定一点作为双曲线的顶点，单击 确定 按钮，弹出"双曲线"对话框，如图 3.26 所示。

在"双曲线"对话框中设置相应参数，单击 确定 按钮，完成双曲线的创建，如图 3.27 所示。

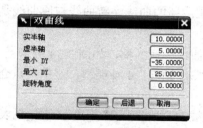

图 3.26    "双曲线"对话框

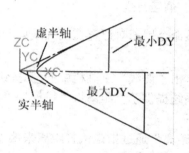

图 3.27    绘制双曲线

8. 螺旋线

该命令用来创建螺旋线。

在菜单栏中执行"插入"|"曲线"|"螺旋线"命令，或单击"曲线"工具栏中的 按钮，弹出"螺旋线"对话框，如图 3.28 所示。

(1) "螺旋线"对话框各选项功能介绍如下。

① 圈数：螺旋线旋转的圈数。

② 螺距：螺旋线每圈之间的间距。

③ 使用规律曲线：螺旋线每圈半径按照指定的规律变化。

④ 输入半径：螺旋曲线每圈的半径。

⑤ 旋转方向：分"右手"和"左旋"，按照右手或左手原则，确定曲线旋转方向。

⑥ 定义方位：弹出"指定方位"对话框，定义螺旋线生成的方向。

⑦ 点构造器：弹出"点"对话框，定义螺旋曲线起点的位置。

(2) 螺旋线的绘制。在"螺旋线"对话框中，单击"点构造器"按钮，弹出"点"对话框，如图 3.19 所示。通过"点"对话框指定一点作为螺旋线的起点，单击 确定 按钮，回到"螺旋线"对话框，在该对话框中设置相应参数，单击 确定 按钮，完成螺旋线的创建，如图 3.29 所示。

图 3.28 "螺旋线"对话框

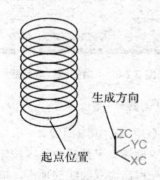

图 3.29 绘制螺旋线

9. 偏置曲线

该命令用于对已存在的曲线以一定的偏置方式生成新的曲线。新曲线与原曲线是相关联的。

单击"曲线"工具栏中的 按钮，打开"偏置曲线"对话框，如图 3.30 所示。

系统提供了"距离"、"拔模"、"规律控制"和"3D 轴向"4 种类型，这里重点介绍第一种。

"距离"通过指定偏置距离来偏置曲线。偏置曲线的一般步骤("距离"方式)见表 3-1。

表 3-1　偏置曲线的一般步骤

| 步　骤 | 创建步骤 | 图　示 |
|:---:|---|:---:|
| 1 | 选择偏置类型为"距离"，默认选项 | 如图 3.30 所示 |
| 2 | 在视图区域内选择要偏置的曲线，一个或多个 | 如图 3.31 所示 |
| 3 | 在对话框"偏置"选项区域内，设置"距离"和"副本数" | 如图 3.30 所示 |
| 4 | 在"偏置曲线"对话框"偏置"选项区域内，单击"反向"按钮，调整偏置方向 | 如图 3.31 所示 |
| 5 | 单击"确定"或"应用"按钮，完成偏置命令 | 如图 3.32 所示 |

图 3.30　"偏置曲线"对话框

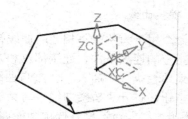

图 3.31　选择曲线和偏置方向

## 10. 样条曲线

该命令是一种用途非常广泛的曲线命令，它可以自由描述曲线和曲面，拟合逼真、控制方便。样条曲线分为一般样条和艺术样条两种类型。这里仅介绍艺术样条。

在菜单栏中执行"插入"|"曲线"|"艺术样条"命令，或单击"曲线"工具栏中的 按钮，打开"艺术样条"对话框，如图 3.33 所示。

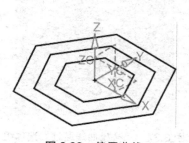

图 3.32　偏置曲线

图 3.33　"艺术样条"对话框

艺术样条的绘制有"通过点"~和"根据极点"~两种方式。

(1) "通过点"方式：通过定义一系列属于曲线的点来创建曲线。这些属于曲线的点称为定义点。通过定义属于曲线的点，可以精确控制曲线的形状和尺寸，如图 3.34 所示。

(2) "根据极点"方式：通过定义一系列曲线的控制点来创建曲线。这些控制点称为极点，它比定义点更能影响曲线的形状。用户可以通过调整极点来调整曲线的形状，如图 3.35 所示。

图 3.34 "通过点"方式绘制样条曲线

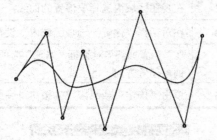

图 3.35 "根据极点"方式绘制样条曲线

### 3.3.3 曲线操作工具

**1. 桥接曲线**

该命令用于为两条不相连的曲线补充一段光滑的曲线。在 UG NX 6 中，桥接曲线是按照用户指定的连续条件、连接部位和方向来创建的，是曲线连接最常用的方法。

在菜单栏执行"插入"|"来自曲线集的曲线"|"桥接"命令，或单击"曲线"工具栏中的 按钮，打开"桥接曲线"对话框，如图 3.36 所示。

"桥接曲线"对话框各选项功能如下。

(1) 起始对象：选择桥接曲线操作的第一个对象。

(2) 终止对象：选择桥接曲线操作的第二个对象。

(3) 桥接曲线属性：该选项用来设置桥接的起始和终点的位置、方向以及连接点之间的连续方式。单击"桥接曲线属性"右侧的下三角按钮，打开该选项区域，如图 3.37 所示。其中各选项含义如下。

图 3.36 "桥接曲线"对话框

图 3.37 "桥接曲线属性"选项组

① 连续性：包括以下 4 种连续方式，见表 3-2。

表 3-2　4 种连续方式

| G0(位置) | 根据选取曲线的位置确定与第一、第二曲线在连接点处的连续方式，选取曲线的顺序不同，其桥接结果也不尽相同 |
|---|---|
| G1(相切) | 指生成的桥接曲线与第一、第二条曲线在连接点处相切连续，且为 3 阶样条曲线 |
| G2(曲率) | 约束桥接曲线与第一、第二曲线在连接处曲率连续，且为 5 阶或 7 阶样条曲线 |
| G3(流) | 该选项是相对于"曲率"连续方式的，在桥接点处创建更流畅的曲线线条 |

② 位置：通过设置 $U$、$V$ 向百分比值或拖动百分比滑块来设定起点或终点的桥接位置。

③ 方向：通过"点构造器"来确定点在曲线上的位置。

(4) 约束面：用于限制桥接曲线所在的面。

(5) 半径约束：用于限制桥接曲线的半径类型和大小。

(6) 形状控制：该选项主要用于设置桥接曲线的形状控制方式。单击"形状控制"选项栏，打开选项区域，如图 3.38 所示。

① 相切幅值：该选项通过拖动"开始"、"结束"滑块或直接在其右侧文本框输入数值来改变桥接曲线与第一、第二曲线连接点的相切矢量值，如图 3.38 所示。

② 深度和歪斜：该选项使用方法与"相切幅值"的相同，深度指桥接曲线峰值点的深度，即影响桥接曲线形状的曲率的百分比；歪斜指桥接曲线峰值点的倾斜度，即设定沿桥接曲线从第一条曲线向第二条曲线度量时峰值点位置的百分比，如图 3.39 所示。

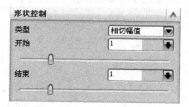

图 3.38　"形状控制"选项区域——"相切幅值"方式

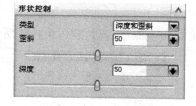

图 3.39　"形状控制"选项区域——"深度和歪斜"方式

2. 投影曲线

它用于将曲线或点沿某一方向投影到现有曲面、平面或参考平面上。如果投影线与面上的孔或面上的边缘相交，则投影曲线会被面上的孔或边缘裁剪。

在菜单栏中执行"插入"|"来自曲线集的曲线"|"投影"命令，或单击"曲线"工具栏中的![button]按钮，打开"投影曲线"对话框，如图 3.40 所示。

"投影曲线"对话框的各选项功能如下。

(1) 要投影的曲线或点：选择要投影的曲线和点。

(2) 要投影的对象：用于选择投影所在的面，分为"选择对象"和"指定平面"两种方式。

(3) 投影方向：用于指定将对象投影到片体、面和平面上时所使用的方向。

绘制投影曲线，效果如图 3.41 所示。

图 3.40 "投影曲线"对话框

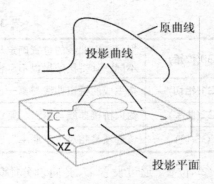

图 3.41 绘制投影曲线

### 3. 相交曲线

它用于创建两组对象的交线。

在菜单栏中执行"插入"|"来自体的曲线"|"求交"命令，或单击"曲线"工具栏中的 按钮，打开"相交曲线"对话框，如图 3.42 所示。

"相交曲线"对话框的各选项功能如下。

(1) 第一组：选择要产生交线的第一组对象。

(2) 第二组：选择要产生交线的第二组对象。

(3) 保持选定：用于设置在单击 确定 按钮后，是否自动重复选择第一组或第二组对象的操作。

绘制相交曲线，效果如图 3.43 所示。

图 3.42 "相交曲线"对话框

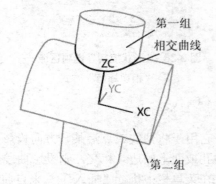

图 3.43 绘制相交曲线

### 3.3.4 编辑曲线工具

常用的曲线编辑命令包括编辑曲线参数、修剪曲线、分割曲线、光顺样条等，"编辑曲线"工具栏如图 3.44 所示。

图 3.44　"编辑曲线"工具栏

### 1. 编辑曲线参数

该命令用于编辑多种类型的曲线。当选择不同类型的曲线后，系统会弹出相应的提示对话框。

在菜单栏中执行"编辑"|"曲线"|"参数"命令，或单击"编辑曲线"工具栏中的 按钮，打开"编辑曲线参数"对话框，如图 3.45 所示。

(1) 编辑直线。当选择曲线为直线时，系统弹出"直线"对话框，如图 3.46 所示。该对话框可编辑直线的端点位置和直线的参数(长度和角度)。对话框操作和生成直线时几乎相同。

图 3.45　"编辑曲线参数"对话框

图 3.46　"直线"对话框

(2) 编辑圆弧或圆。当选择曲线为圆弧或圆时，系统弹出"圆弧/圆"对话框，如图 3.47 所示。该命令通过在对话框中输入新值或拖动滑块改变圆弧或圆的参数，还可以把圆弧改变成它的补弧。对话框操作和生成圆弧/圆几乎相同。

(3) 编辑椭圆。当选择曲线为椭圆时，系统弹出"编辑椭圆"对话框，如图 3.48 所示。该命令用于编辑一个或多个已有椭圆，该选项和生成椭圆的操作几乎相同。用户最多可选择 128 个椭圆。当选择多个椭圆时，最后选中的椭圆值为默认值。

(4) 编辑样条曲线。

当选择曲线为样条曲线时，系统弹出"编辑样条"对话框，如图 3.49 所示。该命令可以编辑样条曲线的阶次、形状、斜率、曲率和控制点等参数。

该对话框提供了 9 种编辑方式，如下所述。

① 编辑点：通过移动、增加或移去样条曲线的定义点来改变样条曲线的形状。

② 编辑极点：编辑样条曲线的极点。

③ 更改斜率：改变定义点的斜率。

④ 更改曲率：改变定义点的曲率。

图 3.47 "圆弧/圆"对话框

图 3.48 "编辑椭圆"对话框

⑤ 更改阶次：改变样条曲线的阶次。

⑥ 移动多个点：通过移动样条曲线的一个节段，以改变样条曲线的形状。

⑦ 更改刚度：在保持原样条曲线控制点数不变的前提下，通过改变曲线的阶数来修改样条曲线的形状。

⑧ 拟合：通过修改样条曲线定义所需的参数，从而改变曲线的形状。

⑨ 光顺：将使样条曲线变得较为光滑。

编辑样条曲线的操作与生成样条曲线几乎相同。

2．修剪曲线

该命令通过指定的边界对象来修剪和延长曲线。

在菜单栏中执行"编辑"|"曲线"|"修剪"命令，或单击"编辑曲线"工具栏中的 ⤵ 按钮，打开"修剪曲线"对话框，如图 3.50 所示。

图 3.49 "编辑样条"对话框

图 3.50 "修剪曲线"对话框

"修剪曲线"对话框各选项功能如下。

(1) 要修剪的曲线：选择要修剪的曲线，一条或多条。

(2) 边界对象 1：选择一条或者一串对象作为边界 1，沿它修剪或延长曲线。

(3) 边界对象 2：选择一条或者一串对象作为边界 2，沿它修剪曲线。(此步骤可选可不选)

(4) 方向：确定对象的方位，其中包括"最短的 3D 距离"、"相对于 WCS"、"沿一矢量方向"和"沿屏幕垂直方向"4 种类型。

3. 修剪拐角

该命令主要用于修剪两条不平行的曲线的交点，使它们形成拐点，包括已相交的或延伸相交的曲线。

单击"编辑曲线"工具栏中的 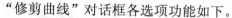 按钮，弹出"修剪拐角"对话框，如图 3.51 所示。"修剪拐角"操作如图 3.52 所示。

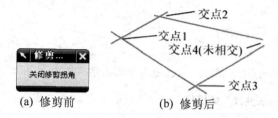

图 3.51  "修剪拐角"对话框

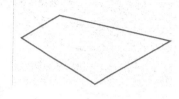

图 3.52  修剪拐角操作

4. 分割曲线

该命令主要用于将曲线分割成一组同样的节段，每个生成的节段是单独的实体，并赋予和原先曲线相同的线型。

在菜单栏中执行"编辑"|"曲线"|"分割"命令，或单击"编辑曲线"工具栏中的 ⌡ 按钮，打开"分割曲线"对话框，如图 3.53 所示。

"类型"下拉菜单中包括 5 种分割类型，如图 3.54 所示。

(1) 等分段：该方式以等长或等参数的方法将曲线分割成相同节段。

(2) 按边界对象：该方式利用边界对象来分割曲线。

(3) 圆弧长段数：该方式通过分别定义各节段的弧长来分割曲线。

(4) 在结点处：该方式只能分割样条曲线，它在曲线的定义点处将曲线分割成多个节段。

(5) 在拐角上：该方式在拐角处(即一阶不连续点)分割样条曲线(拐角点是样条曲线节段的结束点方向和下一节段开始点方向不同而产生的点)。

5. 拉长曲线

该命令主要用于拉伸或移动曲线对象，如果选择的是曲线对象的端点，则拉伸对象；如果选择端点以外的位置，则移动对象。

单击"编辑曲线"工具栏中的 按钮，打开"拉长曲线"对话框，如图 3.55 所示。"拉长曲线"的操作如图 3.56 所示。

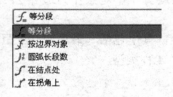

图 3.53 "分割曲线"对话框　　图 3.54 "分割曲线"|"类型"　　图 3.55 "拉长曲线"对话框

下拉列表

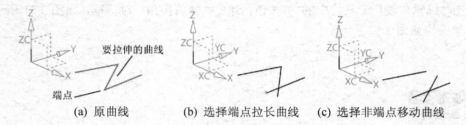

(a) 原曲线　　　　(b) 选择端点拉长曲线　　(c) 选择非端点移动曲线

图 3.56 "拉长曲线"的操作

6. 曲线长度

该命令通过在曲线端点处延伸或收缩一定的长度来改变曲线。

在菜单栏中执行"编辑"|"曲线"|"长度"命令,或单击"编辑曲线"工具栏中的 按钮,打开"曲线长度"对话框,如图 3.57 所示。

7. 光顺样条

该命令通过改变样条曲线曲率从而使样条曲线变得更加光滑。

在菜单栏中执行"编辑"|"曲线"|"光顺样条"命令,或单击"编辑曲线"工具条中的 按钮,打开"光顺样条"对话框,如图 3.58 所示。

图 3.57 "曲线长度"对话框　　　　　　图 3.58 "光顺样条"对话框

"光顺样条"的"类型"包括"曲率"和"曲率变化"两种。其中"曲率"方式通过最小曲率值的大小来光顺样条曲线;"曲率变化"方式通过最小化整条曲线的曲率变化来光顺样条曲线。

## 3.4 建 模 操 作

### 3.4.1 螺旋弹簧的建模

根据图 3.2 所示的螺旋弹簧结构简图建立其三维模型,操作步骤如下。

(1) 创建文件。创建一个基于模型模板的新公制部件,并输入"tanhuang.prt"作为该部件的名称。单击"确定"按钮,UG NX 6 会自动启动"建模"应用程序。

(2) 创建曲线。单击"曲线"工具栏中的 🌀 按钮,打开"螺旋线"对话框,按照图 3.2 所示的螺旋弹簧结构尺寸填写相应参数,如图 3.59 所示,单击"点构造器"按钮,在弹出的对话框中进行设置,如图 3.60 所示,单击 确定 按钮,完成螺旋线的创建,如图 3.61 所示。

图 3.59 "螺旋线"对话框

图 3.60 "点"对话框

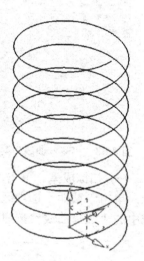

图 3.61 创建螺旋线

(3) 改变工作坐标系。单击"实用工具"工具栏中的 ↙ 按钮,打开"CSYS"对话框,如图 3.62 所示。先将坐标系原点移动至螺旋线端点,然后,在 ZC-YC 平面内选取旋转手柄,在"角度"文本框中输入"90",完成工作坐标系的旋转,如图 3.62 所示。

(4) 使用"基本曲线"功能绘制圆。单击"曲线"工具栏中的 ◗ 按钮,打开"基本曲线"对话框和"跟踪条"对话框。"基本曲线"对话框如图 3.63 所示,在"基本曲线"对话框"类型"下拉菜单中单击 ⊙ 按钮,在"跟踪条"对话框中输入圆心坐标值(0,0,0),直径"6",如图 3.64 所示,按 Enter 键形成圆,如图 3.65 所示。

图 3.62 "CSYS" 对话框

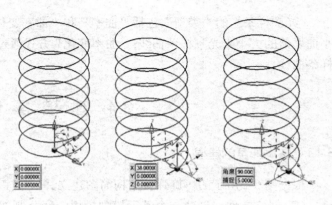

图 3.62 改变工作坐标系原点位置

图 3.63 "基本曲线" 对话框

图 3.64 "跟踪条" 对话框

(5) 扫掠成型。单击"特征"工具栏中的 按钮,打开"扫掠"对话框,如图 3.66 所示,单击"截面"选项区域中的"选择曲线"按钮,然后选择圆;单击"引导线"选项区域中的"选择曲线"按钮,然后选择螺旋线;单击 确定 按钮,创建螺旋弹簧实体。

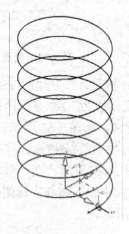

图 3.65 创建圆

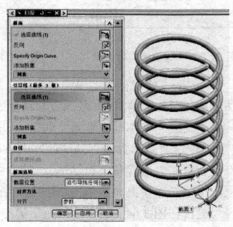

图 3.66 "扫掠" 对话框

（6）调整视图方位。选择曲线和基准坐标系进行隐藏，单击"视图"工具栏中的"正等测"按钮 ，视图以正等测角关系从坐标系的右、前、上方向观察实体，最终建模效果如图 3.3 所示。

（7）保存文件。在菜单栏中执行"文件"|"保存"命令，或单击"标准"工具栏中的 按钮，完成文件的保存。

### 3.4.2  碗的建模

创建图 3.67 所示碗的截面曲线，经过旋转建立其三维模型，如图 3.68 所示。

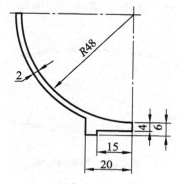

图 3.67   曲线截面

图 3.68   回转成型  视频 3.68

（1）创建文件。创建一个基于模型模板的新公制部件，并输入"wan.prt"作为该部件的名称。单击"确定"按钮，UG NX 6 会自动启动"建模"应用程序。

（2）设置曲线图层。在菜单栏中执行"格式"|"图层设置"命令，打开"图层设置"对话框，在"工作图层"文本框中输入"41"，设置 41 层为工作层，关闭"图层设置"对话框，完成图层设置。

（3）创建曲线。单击"曲线"工具栏中的 按钮，打开"基本曲线"对话框和"跟踪条"对话框，在"基本曲线"对话框"类型"下拉菜单中单击 按钮。

（4）在"基本曲线"对话框"点方法"下拉列表框中选择" 点构造器"选项，系统弹出"点"对话框，如图 3.60 所示。

（5）在"点"对话框中输入坐标值(0，48，0)作为绘制圆圆心，单击 按钮。接着再次输入(-48，48，0)为圆上一点，单击 按钮，完成圆 1 的绘制，如图 3.69 所示。

（6）创建偏置曲线。单击"曲线"工具栏中的 按钮，打开"偏置曲线"对话框。

（7）在"类型"下拉列表框中选择"距离"选项，选择已创建的圆 1，偏置方向如图 3.70 中箭头所示。如果方向相反，单击 按钮进行调整。

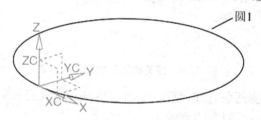

图 3.69   圆 1 的绘制图

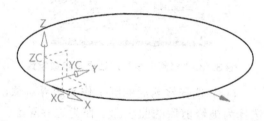

图 3.70   偏置方向的调整

(8) 在偏置"距离"文本框中输入"2",在"副本数"文本框中输入"1",单击"确定"按钮,生成偏置圆2,如图3.71所示。

(9) 创建直线。单击"曲线"工具栏中的 按钮,打开"基本曲线"对话框和"跟踪条"对话框。

(10) 在"基本曲线"对话框"类型"下拉列表框中选择 选项,在"点方法"下拉列表中选择" 象限点"选项,捕捉圆2的象限点,创建两条直线,如图3.72所示。

(11) 修剪创建曲线。在菜单栏中执行"编辑"|"曲线"|"修剪"命令,或单击"编辑曲线"工具栏中的 按钮,打开"修剪曲线"对话框,如图3.73所示。

(12) 在"修剪曲线"对话框中设置输入曲线类型为"隐藏"、曲线延伸段为"无"、取消选中"修剪边界对象"复选框,如图3.73所示。

图 3.71　偏置圆 2

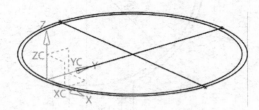

图 3.72　两直线绘制

(13) 分别选择绘制的两条直线作为边界对象,然后依次选取两个圆弧作为被修剪曲线,直到如图3.74所示。

图 3.73　"修剪曲线"对话框及参数设置

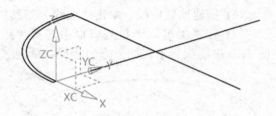

图 3.74　修剪曲线后的圆 1、圆 2

(14) 选择修剪后的圆1作为边界对象,修剪两条直线,直到如图3.75所示。注意最好选择为被修剪后的曲线圆1作为边界对象,而不是原有的整圆1。

(15) 单击"视图"工具栏中的 按钮,视图显示如图3.76所示。

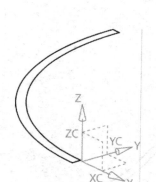

图 3.75　修剪直线

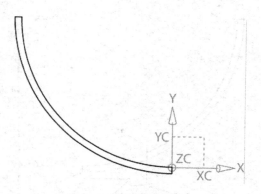

图 3.76　视图操作

(16) 绘制 *AB* 段直线。单击"曲线"工具栏中的 按钮，打开"基本曲线"对话框和"跟踪条"对话框。

(17) 在"基本曲线"对话框"类型"下拉列表框中选择 选项，在"点方法"下拉列表中选择" 端点"选项，捕捉如图 3.77 所示的 *A* 点，作为直线的起点。

(18) 在"基本曲线"对话框"直线"选项组中，单击 *YC* 按钮，此时绘制的直线与 *YC* 轴方向平行，在"跟踪条"对话框的 *YC* 文本框中输入"-4"，按 Enter 键，完成直线 *AB* 的绘制，如图 3.77 所示。

(19) 继续绘制 *BC* 段直线，单击 *XC* 按钮，此时绘制的直线与 *XC* 轴方向平行，在"跟踪条"对话框的 *XC* 文本框中输入"-15"，按 Enter 键，完成直线 *BC* 的绘制，如图 3.77 所示。

(20) 继续绘制 *CD* 段直线，单击 *YC* 按钮，此时绘制直线与 *YC* 轴方向平行，在"跟踪条"对话框的 *YC* 文本框中输入"-6"，按 Enter 键，完成直线 *CD* 的绘制，如图 3.77 所示。

(21) 继续绘制 *DE* 段直线，单击 *XC* 按钮，此时绘制的直线与 *XC* 轴方向平行，在"跟踪条"对话框的 *XC* 文本框中输入"-20"，按 Enter 键，完成直线 *DE* 的绘制，如图 3.77 所示。

(22) 继续绘制 *EF* 段直线，单击 *YC* 按钮，此时绘制直线与 *YC* 轴方向平行，在"跟踪条"对话框的 *YC* 文本框中输入大于 7 的任意值，按 Enter 键，完成直线 *EF* 的绘制，如图 3.77 所示。

(23) 修剪曲线。在菜单栏中执行"编辑"|"曲线"|"修剪"命令，或单击"编辑曲线"工具栏中的 按钮，打开"修剪曲线"对话框。

(24) 选择 *EF* 段直线作为边界对象，然后选取圆弧 2 作为被修剪曲线，修剪结果如图 3.78 所示。

(25) 选择圆弧 2 作为边界对象，然后选取 *EF* 段直线作为被修剪曲线，修剪结果如图 3.78 所示。

(26) 设置实体图层。在菜单栏执行"格式"|"图层设置"命令，打开"图层设置"对话框，在"工作图层"文本框中输入 1，设置 1 层为工作层，关闭"图层设置"对话框，完成图层设置。

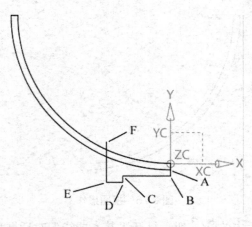

图 3.77　绘制直线

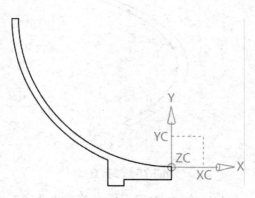

图 3.78　修剪曲线

(27) 回转成型。在菜单栏中执行"插入"|"设计特征"|"回转"命令，或单击"特征"工具栏中的"回转"按钮，打开"回转"对话框，如图 3.79 所示。

(28) 在"回转"对话框中的"截面"选项区域中，选择全部绘制曲线作为回转截面；在"轴-指定矢量"选项区域中，选择 YC 轴作为回转轴；其他对话框设置为默认值，单击 确定 按钮完成建模，如图 3.80 所示。

图 3.79　"回转"对话框

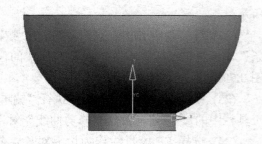

图 3.80　回转建模

(29) 调整视图方位。单击"视图"工具栏中的"正等测"按钮，视图以正等测角关系从坐标系的右、前、上方向观察实体，最终建模效果如图 3.68 所示。

(30) 保存文件。在菜单栏中执行"文件"|"保存"命令，或单击"标准"工具栏中的 按钮，完成文件的保存。

# 3.5 拓 展 实 训

(1) 综合应用多边形命令、基本曲线命令、修剪曲线命令、拉伸命令、边倒圆命令等，根据如图 3.81 所示截面，创建如图 3.82 所示的模型。

注：模型厚度为 10mm，模型上下表面边倒圆，倒圆半径为 5mm。

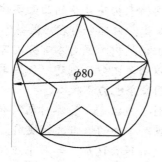

图 3.81　(1)曲线截面

图 3.82　(1)拉伸、边倒圆成型　○视频 3.82

提示：该练习的关键在于曲线截面的绘制，可使用"多边形"命令直接创建正五边形曲线；然后利用"直线"命令绘制五角星，接着使用"修剪曲线"命令修剪创建的截面曲面；最后对创建曲线使用"拉伸"命令，对模型上下面使用"边倒圆"命令，完成模型的创建。

(2) 综合应用基本曲线命令、圆弧/圆命令、修剪曲线命令、拉伸特征和边倒圆命令等，根据如图 3.83 所示截面，创建如图 3.84 所示的模型。

注：模型厚度为 10mm，模型上下表面边倒圆，倒圆半径为 2mm。

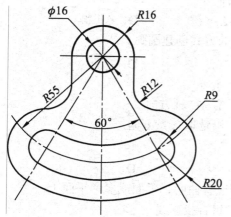

图 3.83　(2)曲线截面

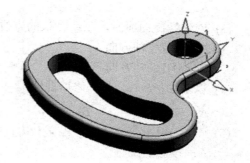

图 3.84　(2)拉伸、边倒圆成型　○视频 3.84

提示：该练习的关键在于曲线截面的绘制，可使用"基本曲线-圆"命令直接绘制图形上多个圆及圆弧；然后使用"修剪曲线"命令修剪创建的截面曲线；接着使用"圆弧/圆"命令的"三点画圆弧"方式创建 R12 圆弧(相切、相切和半径)，最后修剪曲线；对创建曲线使用"拉伸"命令，对模型上下面使用"边倒圆"，完成模型创建。

## 3.6 任 务 小 结

　　本任务主要介绍了曲线绘制命令、曲线操作命令、曲线编辑命令等。在实体建模中，创建和编辑曲线是构建模型的基础，对于曲面建模尤为重要。一方面，曲线可以作为构建模型的截面轮廓线，通过对截面曲线的拉伸、旋转、扫掠等操作直接创建实体；另一方面曲线也可以通过直纹面、曲线组及曲面网格来构建复杂的曲面实体；还可以将曲线作为创建实体的辅助线等。作为建模基础知识，该部分内容应熟练掌握。

　　尽管有些截面和曲线可以通过草图命令来创建，但仍然应加强对本部分内容的练习和掌握。本任务举例由简到繁，简单的曲线截面可以由草图命令创建，但因草图命令局限于草图平面之内，而且对于较复杂的曲线，草图命令也力不从心。

　　在使用曲线编辑命令，例如，选择"修剪"命令时，应注意"边界对象"和"要修剪的曲线"的选择次序，还应该注意"要修剪的端点"命令的恰当选择使用。

　　曲线命令与草图命令有相似之处，但具体操作上仍有很大区别。学习中应注意总结操作经验，不断提高曲线绘制和编辑能力。

## 习　　题

1. 选择题

(1) 在创建点或者直线时，"跟踪条"对话框中的文本框可以设置点的位置或直线的长度等，其中按(　　)可以在不同文本框中切换值的输入。

　　A．Tab 键　　　　　　B．Enter 键　　　　C．Esc 键　　　　　D．Alt 键

(2) 下图中(　　)表示用"相切-相切-半径"的方式创建圆弧。

　　A．　　　　　　　B．　　　　　　　C．　　　　　　　D．

(3) 创建螺旋曲线时，系统默认的方位是(　　)。

　　A．沿 ZC 轴方向　　　　　　　　B．沿 XC 轴方向

　　C．沿 YC 轴方向　　　　　　　　D．沿选取矢量方向

(4) 以下图标(　　)是"修剪曲线"。

　　A．　　　　　　　B．　　　　　　　C．　　　　　　　D．

(5) (　　)用于将曲线或点沿某一方向投影到现有曲面、平面或参考平面上。

　　A．投影曲线　　　　　　　　　　B．组合投影线

　　C．截面曲线　　　　　　　　　　D．连接曲线

(6) (　　)是在两条曲线之间连接一段曲线的功能，使原先不连续的两条曲线能够光滑过渡，该曲线与两端的曲线可以控制连续条件、连接部位及方向。

　　A．桥接曲线　　　　　　　　　　B．简化曲线

　　C．合并曲线　　　　　　　　　　D．抽取曲线

(7) 关于创建多边形的说法错误的是(　　)。

A．可以用"内接半径"的方法创建

B．可以用"外切圆半径"的方法创建

C．可以用"多边形边数"的方法创建

D．可以输入 $N$ 为侧面数，$N$ 为大于 3 的任意数值

2. 操作题

(1) 绘制如图 3.85 所示的曲线截面图形。

(2) 绘制如图 3.86 所示的曲线截面图形。

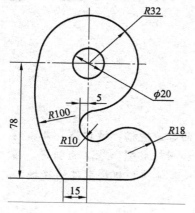

图 3.85　曲线绘制练习图(1)

🔵 视频 3.85

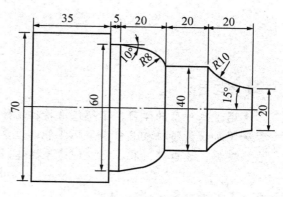

图 3.86　曲线绘制练习图(2)

🔵 视频 3.86

# 项目 4

# 轴 的 建 模

## 学习目标

通过本项目的学习，了解基准特征功能，掌握凸台、键槽、坡口焊、孔、螺纹等附加设计特征相关命令使用；能通过草图绘制和回转成型，基准面创建，凸台、键槽、坡口焊、孔、螺纹创建等操作，完成轴及其他典型机械零件的建模。

## 学习要求

| 能力目标 | 知识要点 | 权重 |
| --- | --- | --- |
| 能初步运用基准特征功能创建基准面 | 了解基准特征的创建方法 | 10% |
| 能使用设计特征相关命令创建凸台、键槽、坡口焊、孔、螺纹等 | 熟悉常用实体特征(孔、凸台、腔体、键槽、沟槽、螺纹)的创建步骤 | 40% |
| 能综合运用草图功能、基准特征、实体成型主特征和附加特征等工具，实现阶梯轴等机械零件的建模 | 在熟练运用草图创建、拉伸和回转主特征创建的基础上，掌握孔、凸台、键槽、沟槽、螺纹等附加特征工具的综合使用方法 | 50% |

## 引例

轴是支承转动零件并与之一起回转以传递运动、扭矩或弯矩的机械零件。常见的轴有直轴、曲轴和软轴 3 种，如图 4.1 所示。直轴又可分为：①转轴，工作时既承受弯矩又承受扭矩，是机械中最常见的轴，如各种减速器中的轴等。②心轴，用来支承转动零件只承受弯矩而不传递扭矩，有些心轴转动，如铁路车辆的轴等，有些心轴则不转动，如支承滑轮的轴等。③传动轴，主要用来传递扭矩而不承受弯矩，如汽车的驱动轴等。

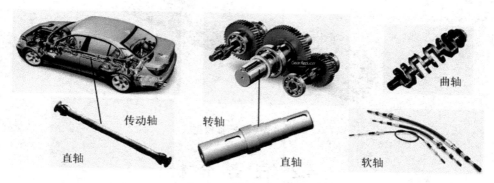

图 4.1　轴的实际应用

# 4.1　任 务 导 入

　　根据如图 4.2 所示的阶梯轴图纸，经过草图绘制和回转成型，或在圆柱端面上创建凸台形成阶梯轴的主体模型，再通过基准面创建、键槽创建、坡口焊创建、螺纹创建、孔创建等建立三维模型，如图 4.3 所示。通过该项目的练习，初步掌握基准特征相关命令和附加特征相关命令，掌握创建一般实体模型和创建附加设计特征的技能。

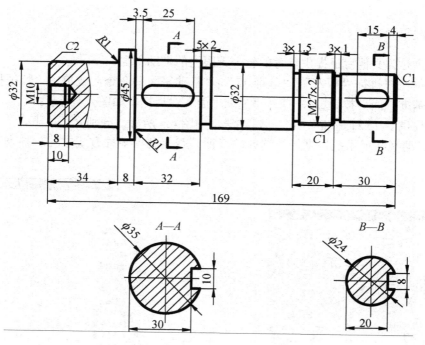

图 4.2　阶梯轴结构尺寸示意图

图 4.3　阶梯轴模型　　　　　　　　　　🔵 视频 4.3

## 4.2　任 务 分 析

从图 4.3 可以看出，该阶梯轴的主体模型创建可以采用多种方法，可以通过草图绘制其纵向截面曲线，然后通过回转成型；也可以先创建一个基础圆柱体，然后在圆柱端面上依次创建圆柱凸台而成型。在主体模型上还需要运用基准面创建命令，键槽创建、坡口焊创建、螺纹创建、孔创建等附加特征命令，边倒圆和倒斜角等细节特征命令，完成阶梯轴局部设计特征创建。因此，本任务首先介绍基准特征的绘制知识，然后介绍附加设计特征相关知识，如孔、腔体、键槽、坡口焊、螺纹等命令，最后应用这些知识完成本项目任务。

## 4.3　任 务 知 识 点

### 4.3.1　基准平面

该命令是为其他特征提供参考的一个无限大的辅助平面。

在菜单栏中执行"插入"|"基准/点"|"基准平面"命令，或单击"特征操作"工具栏中的"基准平面"按钮　，打开"基准平面"对话框，如图 4.4 所示。

系统提供了 15 种基准平面的创建方法，如图 4.5 所示，分别介绍如下。

(1) 自动判断：系统根据用户选择的特征，智能利用多种方式中的一种来完成基准平面的创建。

图 4.4　"基准平面"对话框

图 4.5　"类型"下拉列表

(2) 成一角度：创建一个与选择平面对象成指定角度的基准平面。该方式需要选择一个平面对象、一个线性对象和指定相应角度。平面对象可以为一个平面或者一个已有基准平面；线性对象可以为一根基准轴、一条直线或实体对象的一条边等；角度可以输入任意角度值，还可以单独选择垂直和平行，如图 4.6 所示。

(3) 按某一距离：通过对选择平面对象偏置而创建基准平面，如图 4.7 所示。

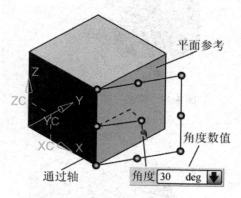

图 4.6　创建"成一角度"基准面

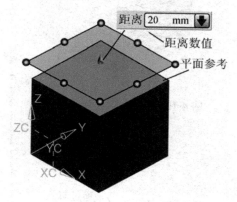

图 4.7　创建"按某一距离"基准面

(4) 平分：在两个相互平行的平面对象的对称中心处创建基准平面，如图 4.8 所示。

(5) 曲线和点：通过已存在曲线上的一点和曲线外一点创建基准平面。基准平面通过其中一点，法线方向为两点的连线，如图 4.9 所示。

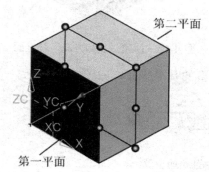

图 4.8　创建"平分"基准面

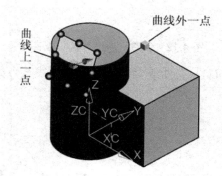

图 4.9　创建"曲线和点"基准面

(6) 两直线：通过选择两条直线创建基准平面。若两条直线在同一平面内，则这个平面就是创建的基准平面；若两条直线不在同一平面内，那么基准平面通过其中一条直线与另一条平行，如图 4.10 所示。

(7) 相切：通过与曲面相切来创建基准平面。可以创建一般曲面相切的基准平面、两曲面公切的基准平面、与曲面相切且与平面成一角度的基准平面等，如图 4.11 所示。

(8) 通过对象：以对象平面为基准平面，如图 4.12 所示。

(9) 系数：自定义基准平面，在参数 $a$、$b$、$c$、$d$ 文本框中分别输入相应数值，由方程 $ax+by+cz=d$ 确定一个固定的基准平面。

(10) 点和方向：通过选择一个点和一个矢量来创建基准平面，如图 4.13 所示。

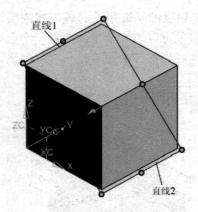

图 4.10　创建"两直线"基准面

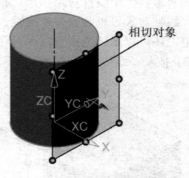

图 4.11　创建"相切"基准面

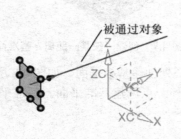

图 4.12　创建"通过对象"基准面

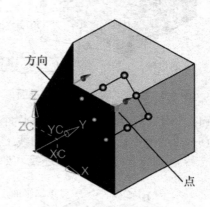

图 4.13　创建"点和方向"基准面

(11) 在曲线上：创建已知曲线某点处和曲线垂直的基准平面，如图 4.14 所示。

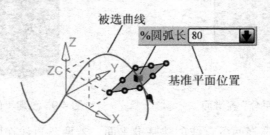

图 4.14　创建"在曲线上"基准面

(12) *YC-ZC* 平面：选择坐标系 *YOZ* 面为基准平面。

(13) *XC-ZC* 平面：选择坐标系 *XOZ* 面为基准平面。

(14) *XC-YC* 平面：选择坐标系 *XOY* 面为基准平面。

(15) 视图平面：选择当前观察者视图所在的平面为基准平面。

另外，在创建基准平面时，如果同时有多种结果可供选择，那么"平面方位"选项区域中的"备选解"按钮 处于激活状态，单击此按钮可以在多个创建结果之间进行切换。单击"反向"按钮 ，可以改变创建基准平面的法线方向。

### 4.3.2 附加特征

附加特征是指对已经构建好的模型实体进行局部修饰，以增加美观并避免重复性的工作。附加特征建模主要包括孔、凸台、腔体、凸垫、键槽、沟槽、螺纹、加强筋等。

 **特别提示**

附加特征在特征建模中不能作为主特征，它必须依赖于某个主特征才能存在，即只能在实体上创建成型特征，因此只能作为辅助特征。

**1. 孔**

该命令用于从现有模型中减去圆柱或圆锥创建孔。

在菜单栏中执行"插入"|"设计特征"|"孔"命令，或单击"特征"工具栏中的 按钮，打开"孔"对话框，如图 4.15 所示。

系统提供了 5 种孔的创建方式，包括常规孔、钻形孔、螺钉间隙孔、螺纹孔、孔系列。下面重点介绍常规孔的创建方法。

常规孔包括 4 种成形方式：简单、沉头孔、埋头孔和锥孔，这里重点介绍前 3 种。

(1) 简单：创建一个具有单一直径的简单孔。简单孔横截面形式如图 4.16 所示。

简单孔创建的深度限制有"值"、"直至选定对象"、"直至下一个"和"贯通体" 4 种方式。

① "值"方式：通过指定"直径"、"深度"和"尖角"(即锥顶角)数值来创建简单孔，如图 4.15 所示。

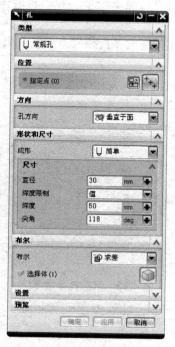

图 4.15 "孔"对话框

图 4.16 简单孔横截面形式

② "直至选定对象"方式：通过指定"直径"数值和选择孔要到达的"选择对象"来创建简单孔，如图 4.17 所示。

③ "直至下一个"方式：通过指定"直径"数值来创建简单孔直至孔方向上最近的对象，如图 4.18 所示。

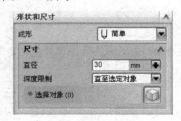

图 4.17　简单孔参数框(1)

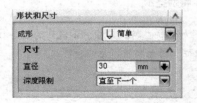

图 4.18　简单孔参数框(2)

④ "贯通体"方式：通过指定"直径"数值来创建贯通实体的简单孔，如图 4.19 所示。

(2) 沉头孔：创建一个具有沉头特征的孔。沉头孔横截面形式如图 4.20 所示。

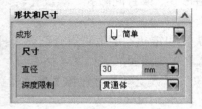

图 4.19　简单孔参数框(3)

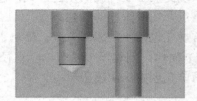

图 4.20　沉头孔横截面形式

沉头孔创建的深度限制有"值"、"直至选定对象"、"直至下一个"和"贯通体" 4 种方式。

① "值"方式：通过指定"沉头孔直径"、"沉头孔深度"、"直径"、"深度"和"尖角" (即锥顶角)数值来创建沉头孔，如图 4.21 所示。

② "直至选定对象"方式：通过指定"沉头孔直径"、"沉头孔深度"、"直径"数值和选择孔要到达的"选择对象"来创建沉头孔，如图 4.22 所示。

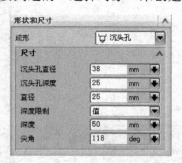

图 4.21　沉头孔参数框(1)

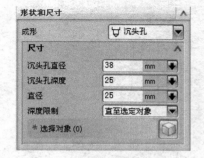

图 4.22　沉头孔参数框(2)

③ "直至下一个"方式：通过指定"沉头孔直径"、"沉头孔深度"、"直径"数值来创建沉头孔直至孔方向上最近的对象，如图 4.23 所示。

④ "贯通体"方式：通过指定"沉头孔直径"、"沉头孔深度"、"直径"数值来创建贯通实体的沉头孔，如图 4.24 所示。

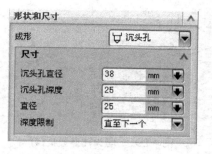

图 4.23　沉头孔参数框(3)

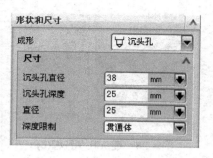

图 4.24　沉头孔参数框(4)

(3) 埋头孔：创建一个具有埋头特征的孔。埋头孔横截面形式如图 4.25 所示。

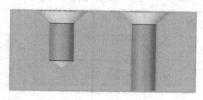

图 4.25　埋头孔横截面形式

埋头孔创建的深度限制有"值"、"直至选定对象"、"直至下一个"和"贯通体" 4 种方式。

① "值"方式：通过指定"埋头孔直径"、"埋头孔角度"、"直径"、"深度"和"尖角" (即锥顶角)数值来创埋头孔，如图 4.26 所示。

② "直至选定对象"方式：通过指定"埋头孔直径"、"埋头孔角度"、"直径"数值和选择孔要到达的"选择对象"来创建埋头孔，如图 4.27 所示。

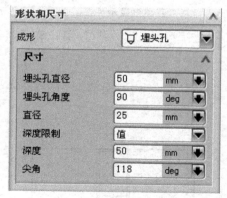

图 4.26　埋头孔参数框(1)

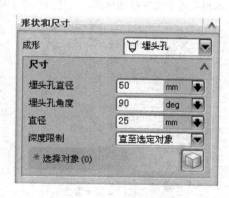

图 4.27　埋头孔参数框(2)

③ "直至下一个"方式：通过指定"埋头孔直径"、"埋头孔角度"、"直径"数值来创建埋头孔直至孔方向上最近的对象，如图 4.28 所示。

④ "贯通体"方式：通过指定"埋头孔直径"、"埋头孔角度"、"直径"数值来创建贯通实体的埋头孔，如图 4.29 所示。

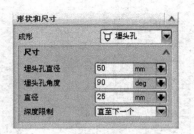

图 4.28　埋头孔参数框(3)

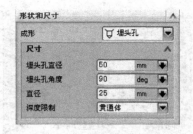

图 4.29　埋头孔参数框(4)

创建常规孔的一般步骤见表 4-1。

表 4-1　创建常规孔的一般步骤

| 步骤 | 创建步骤 | 步骤 | 创建步骤 |
|---|---|---|---|
| 1 | 选择孔类型，选择"常规孔"选项 | 5 | 设置孔参数 |
| 2 | 在视图区域中，选择草绘平面或选择点 | 6 | 设置布尔运算 |
| 3 | 选择孔的方向 | 7 | 单击"确定"按钮，完成孔的创建 |
| 4 | 在"成形"选项中选择常规孔类型 | | |

螺纹孔创建方式：在菜单栏中执行"插入"|"设计特征"|"孔"命令，或单击"特征"工具栏中的 按钮，打开"孔"对话框，如图 4.15 所示，在"类型"下拉列表框中选择"螺纹孔"选项，如图 4.30 所示。

　特别提示

采用孔命令创建的螺纹孔，在建模状态下螺纹不显示出来，在工程图中显示存在，如图 4.31 所示。

图 4.30　螺纹孔参数框

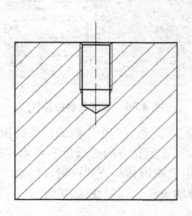

图 4.31　螺纹孔工程制图

**2. 凸台**

该命令用于在指定实体表面外侧生成圆柱或圆台特征实体。其成型原理和孔特征成型原理相反。

单击"特征"工具栏中的 按钮，打开"凸台"对话框，如图 4.32 所示。

另外，凸台的拔锥角为 0 时，所创建的凸台为圆柱体；当拔锥角为正值时，为圆台；当拔锥角为负值时，为倒置圆台。角度最大值为凸台倾斜为圆锥时的最大倾斜角度。

**3. 腔体**

该命令又名刀槽，用于在实体表面上去除圆柱、矩形和常规形状特征的实体，从而形成腔体特征。腔体创建所选择的放置面必须为平面。

单击"特征"工具栏中的 按钮，打开"腔体"对话框，如图 4.33 所示。

图 4.32 "凸台"对话框

图 4.33 "腔体"对话框

系统提供了 3 种腔体创建方式，包括圆柱形、矩形和常规，这里重点介绍前两种创建方式。

（1）圆柱形。在"腔体"对话框中单击"圆柱形"按钮，系统弹出"圆柱形腔体"对话框，如图 4.34 所示。

在视图区域中选择腔体特征的放置面，系统弹出"圆柱形腔体"对话框，如图 4.35 所示。对话框的各选项功能介绍如下。

图 4.34 "圆柱形腔体"对话框

图 4.35 "圆柱形腔体"参数对话框

① "腔体直径"：用于设置圆柱形腔体的直径。

② "深度"：用于设置圆柱形腔体的深度。

③ "底面半径"：用于设置圆柱形腔体底面的圆弧半径。该数值必须大于或等于 0，并且小于深度。

④ "锥角"：用于设置圆柱形腔体圆柱面的倾斜角度，该数值必须大于或等于 0。

(2) 矩形。在图 4.33 所示的"腔体"对话框中单击"矩形"按钮，系统弹出"矩形腔体"对话框，如图 4.36 所示。在视图区域中选择腔体特征的放置面后，弹出"水平参考"对话框，如图 4.37 所示。

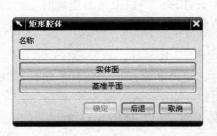

图 4.36 "矩形腔体"对话框(1)　　　　图 4.37 "水平参考"对话框

在绘图区域中选择矩形腔体的水平参考后，系统弹出"矩形腔体"对话框，如图 4.38 所示。对话框的各选项功能介绍如下。

① "长度"：用于设置矩形腔体的长度。

② "宽度"：用于设置矩形腔体的宽度。

③ "深度"：用于设置矩形腔体的深度。

④ "拐角半径"：用于设置矩形腔体深度方向直角处的拐角半径，该数值必须大于或等于 0。

⑤ "底面半径"：用于设置矩形腔体底面周边的圆弧半径，该数值必须大于或等于 0，且小于拐角半径。

⑥ "锥角"：用于设置矩形腔体侧面的倾斜角度，该数值必须大于或等于 0。

**4. 键槽**

该命令用于在实体表面上去除矩形、球形、U 形、T 型和燕尾形 5 种形状特征的实体，从而形成键槽特征。键槽创建所选择的放置面必须为平面。

单击"特征"工具栏中的■按钮，打开"键槽"对话框，如图 4.39 所示。

图 4.38 "矩形腔体"对话框(2)　　　　图 4.39 "键槽"对话框

系统提供了 5 种键槽创建方式，包括矩形、球形端、U 形键槽、T 型键槽和燕尾键槽。

(1) 矩形：矩形键槽，截面形状为矩形。

(2) 球形端：截面形状为半球形。

(3) U 形键槽：截面形状为 U 形。

(4) T 型键槽：截面形状为 T 型。

(5) 燕尾键槽：截面形状为燕尾形。

(6) 通槽：用于设置是否创建贯通的键槽。若选中该复选框，则创建贯通键槽，需要选择通过面。

键槽创建的一般步骤见表 4-2。

表 4-2　键槽创建的一般步骤

| 步骤 | 创建步骤 | 图　示 |
|---|---|---|
| 1 | 在对话框中选择键槽类型 | 如图 4.39 所示 |
| 2 | 在对话框中选择是否创建通槽 | 如图 4.39 所示 |
| 3 | 在视图区域内选择放置面 | 如图 4.40 所示 |
| 4 | 在视图区域内选择水平参考(键槽放置方向) | 如图 4.41 所示 |
| 5 | 在对话框中设置键槽形状参数 | 如图 4.42、图 4.43、图 4.44、图 4.45、图 4.46 所示 |
| 6 | 定位键槽的位置 | 如图 4.47 所示 |
| 7 | 单击"确定"按钮，完成键槽的创建 | |

图 4.40　"矩形键槽"放置面对话框

图 4.41　"水平参考"对话框

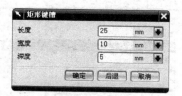

图 4.42　"矩形键槽"参数对话框

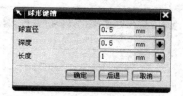

图 4.43　"球形键槽"参数对话框

图 4.44　"U 形键槽"参数对话框

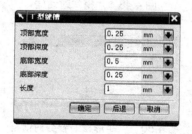

图 4.45　"T 型键槽"参数对话框

图 4.46　"燕尾形键槽"参数对话框

图 4.47　"定位"参数对话框

**5. 坡口焊**

该命令又称割槽、槽，用于在实体表面上创建矩形、球形和 U 形沟槽特征。坡口焊创建所选择的放置面必须为圆柱形表面或圆锥形表面。

单击"特征"工具栏中的　按钮，打开"槽"对话框，如图 4.48 所示。

系统提供了 3 种割槽创建方式，包括矩形、球形端、U 形槽。

(1) 矩形：矩形键槽，截面形状为矩形。

(2) 球形端：截面形状为半球形。

(3) U 形槽：截面形状为 U 形。

坡口焊创建的一般步骤见表 4-3。

表 4-3　坡口焊创建的一般步骤

| 步骤 | 创建步骤 | 图　　示 |
|---|---|---|
| 1 | 在对话框中选择割槽类型 | 如图 4.48 所示 |
| 2 | 在视图区域内选择放置面 | 如图 4.49 所示 |
| 3 | 在对话框中设置割槽形状参数 | 如图 4.50、图 4.51、图 4.52 所示 |
| 4 | 定位割槽的位置 | 如图 4.53 所示 |
| 5 | 单击"确定"按钮，完成割槽的创建 | |

图 4.48　"槽"对话框

图 4.49　"矩形槽"放置面对话框

图 4.50　"矩形槽"参数对话框

图 4.51　"球形端槽"参数对话框

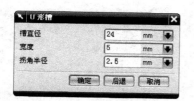

图 4.52 "U 形槽"参数对话框

图 4.53 "定位槽"参数对话框

**6. 螺纹**

该命令用于在已有圆柱表面创建螺纹。

在菜单栏中执行"插入"|"设计特征"|"螺纹"命令，或单击"特征"工具栏中的  按钮，打开"螺纹"对话框，如图 4.54 所示。

"螺纹"对话框中的"螺纹类型"选项有"符号"和"详细"两种。

当选择"符号"螺纹类型时，若不选中"手工输入"复选框，螺纹的大径、小径、螺距、角度、标注等参数只能按照系统中预设的选择，譬如，创建 M24 螺纹，单击 <u>从表格中选择</u> 按钮，则螺纹参数选择对话框如图 4.55 所示，其选择只有 M24×2 和 M24×3 两项；选中"手工输入"复选框时，螺纹参数可以修改；采用"符号"创建的螺纹牙型不显示，仅显示虚线示意，如图 4.56 所示。

当选择"详细"螺纹类型时，创建的螺纹可显示牙型，如图 4.57 所示。

图 4.54 "螺纹"对话框

图 4.55 螺纹参数选择框

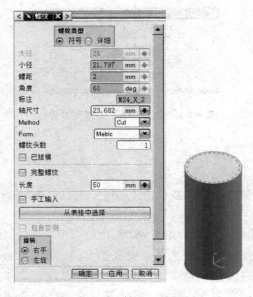

图 4.56 "符号"螺纹创建

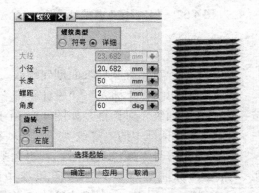

图 4.57 "详细"螺纹创建

### 7. 三角形加强筋

该命令用于在两个相交面的交线创建一个三角形加强筋特征。该命令可完成机械设计中加强筋及支撑肋板的创建。

单击"特征"工具栏中的 ![按钮] 按钮,打开"三角形加强筋"对话框,如图 4.58 所示。

(1)"三角形加强筋"对话框各选项功能如下。

① 第一组:单击该按钮,在视图区选择三角形加强筋的第一组放置面。

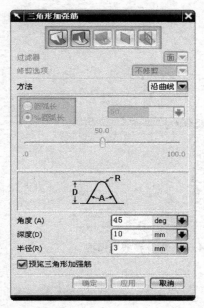

图 4.58 "三角形加强筋"对话框

② 第二组:单击该按钮,在视图区选择三角形加强筋的第二组放置面。

③ 位置曲线:单击该按钮,用于选择两组面多条交线中的一条作为三角形加强筋的位置曲线。在第二组放置面的选择超过两个曲面时,该按钮被激活。

④ 位置平面:单击该按钮,用于指定与工作坐标系或绝对坐标系相关的平行平面或在视图区指定一个已存在的平面位置来定位三角形加强筋。

⑤ 方向平面:单击该按钮,用于指定三角形加强筋的倾斜方向的平面。方向平面可以是已创建的平面或基准平面,默认的方向平面是已选择两组平面的法向平面。

⑥ 修剪选项:用于设置三角形加强筋的修剪方式,包括"修剪与缝合"和"不修剪"两种方式。

⑦ 方法:用于设置三角形加强筋的定位方法,包括"沿曲线"和"位置"两种定位方式。

沿曲线:通过两组面交线的位置来定位,可通过指定"圆弧长"或"%圆弧长"值来定位。

位置：该选项通过输入数值或选择方向平面来定位。

⑧ 形状参数：三角形加强筋的形状参数，包括角度、深度和半径。

(2) 三角形加强筋创建的一般步骤见表 4-4。

表 4-4 三角形加强筋创建的一般步骤

| 步骤 | 创建步骤 | 图 示 |
|---|---|---|
| 1 | 选择第一组放置面 | 如图 4.58 所示 |
| 2 | 选择第二组放置面 | 如图 4.58 所示 |
| 3 | 如有需要，选择位置曲线 | 如图 4.58 所示 |
| 4 | 选择一种定位方法，定位三角形加强筋 | 如图 4.58 所示 |
| 5 | 若选择"位置"定位方式，则需选择方向平面 | 如图 4.58 所示 |
| 6 | 设置三角形加强筋的形状参数 | 如图 4.58 所示 |
| 7 | 单击"确定"按钮，完成三角形加强筋的创建 | 如图 4.58 所示 |

## 4.4  建 模 操 作

以阶梯轴为例，其建模操作步骤如下。

(1) 创建文件。创建一个基于模型模板的新公制部件，并输入"zhou.prt"作为该部件的名称。

(2) 设置草图图层。在菜单栏中执行"格式"|"图层设置"命令，打开"图层设置"对话框，在"工作图层"文本框中输入"21"，设置 21 层为工作层，关闭"图层设置"对话框，完成图层设置。

(3) 绘制草图截面。在菜单栏中执行"插入"|"草图"命令，或单击"特征"工具栏中的 按钮，打开"创建草图"对话框。

(4) 选择 YC-ZC 平面作为草图平面，单击"确定"按钮进入草图绘制界面。

(5) 绘制如图 4.59 所示的草图截面。

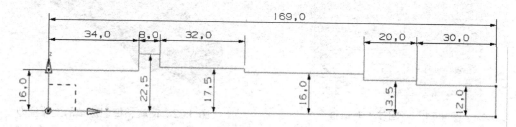

图 4.59  绘制草图截面

（6）单击"草图生成器"工具栏上的  按钮，完成草图截面绘制，如图 4.60 所示。

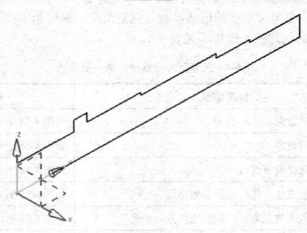

图 4.60　绘制草图截面

（7）设置实体图层。在菜单栏执行"格式"|"图层设置"命令，打开"图层设置"对话框，在"工作图层"文本框中输入 1，设置 1 层为工作层，关闭"图层设置"对话框，完成图层设置。

（8）创建回转特征。在菜单栏执行"插入"|"设计特征"|"回转"命令，或单击"特征"工具栏中的 命令，打开"回转"对话框，如图 4.61 所示。

（9）在视图区域中选择已绘制的草图截面作为回转截面，选择 YC 轴作为回转轴，在"回转"对话框中"限制"选项区域，设置"开始"选项为"值"，在其文本框中输入"0"；同样设置"结束"选项为"值"，在其文本框中输入"360"，如图 4.61 所示。

（10）在"回转"对话框中，单击 确定 按钮，完成回转特征创建，如图 4.62 所示。

图 4.61　"回转"对话框

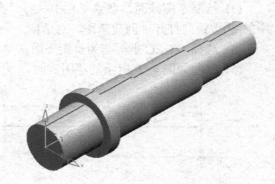

图 4.62　回转特征创建轴的主体模型

**特别提示**

轴的主体模型创建方法可以有多种，还可以尝试先创建一个圆柱，然后使用"凸台"命令依次创建其他圆柱，基本步骤如图 4.63 所示。

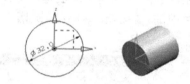

①绘制草图φ32，拉伸 34，创建首个圆柱

②创建圆柱凸台 1：直径φ45，高度 8

③创建圆柱凸台 2：直径φ35，高度 32

④创建圆柱凸台 3：直径φ32，高度 45

⑤创建圆柱凸台 4：直径φ27，高度 20

⑥创建圆柱凸台 5：直径φ24，高度 30

图 4.63　使用"凸台"命令创建轴的主体模型　　　　　　视频 4.63

（11）设置工作图层。在菜单栏执行"格式"|"图层设置"命令，打开"图层设置"对话框，在"工作图层"文本框中输入"61"，设置 61 层为工作层，关闭"图层设置"对话框，完成图层设置。

（12）创建基准平面 1。在菜单栏中执行"插入"|"基准/点"|"基准平面"命令，或单击"特征"工具栏中的□按钮，打开"基准平面"对话框，如图 4.64 所示。

（13）在"基准平面"对话框的"类型"下拉菜单中选择"相切"命令，在"相切子类型"下拉菜单中选择"通过线条"命令，如图 4.64 所示。

（14）首先在已绘制实体上选择圆柱表面作为要创建基准平面的相切面，然后选择草图中的该轴段直线，作为要创建基准平面的线性对象，如图 4.65 所示。

图 4.64　"基准平面"对话框

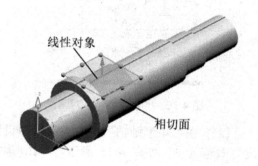

图 4.65　创建相切基准平面 1

(15) 在"基准面"对话框中单击 确定 按钮，完成基准面 1 的创建，如图 4.66 所示。

(16) 创建矩形键槽。单击"特征"工具栏中的 按钮，打开"键槽"对话框，如图 4.67 所示。

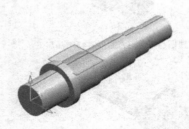

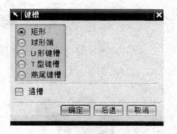

图 4.66　基准平面 1 创建完成图　　　　　　图 4.67　"键槽"对话框

(17) 在"键槽"对话框中选择键槽类型"矩形"，取消选中"通槽"复选框，如图 4.67 所示。单击"确定"按钮，系统弹出"矩形键槽"对话框，如图 4.68 所示。

(18) 在视图区域内选择如图 4.66 所示的已创建基准平面 1 作为键槽放置面，系统弹出"深度方向"对话框，如图 4.69 所示。

图 4.68　"矩形键槽"对话框　　　　　　图 4.69　"深度方向"对话框

(19) 在视图区域内观察放置面上的深度方向箭头，若指向实体，则单击"接受默认边"按钮；若背向实体，则单击"反向默认侧"按钮。单击其中一个按钮后，系统弹出"水平参考"对话框，如图 4.70 所示。

(20) 在视图区域内选择 *YC* 轴作为键槽放置方向，同时弹出"矩形键槽"参数对话框，如图 4.71 所示。

图 4.70　"水平参考"对话框　　　　　　图 4.71　"矩形键槽"参数对话框

(21) 在"矩形键槽"参数对话框中设置"长度"数值为 25，"宽度"数值为 10，"深度"数值为 5，如图 4.71 所示。单击 确定 按钮，系统弹出"定位"对话框，如图 4.72 所示。

（22）在"定位"对话框中，单击 ![按钮] 按钮，系统弹出"水平"对话框，如图 4.73 所示。

图 4.72　"定位"对话框

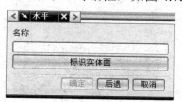

图 4.73　"水平"对话框

（23）选择如图 4.74 所示的圆弧 1 作为水平参考，系统弹出"设置圆弧的位置"对话框，如图 4.75 所示。

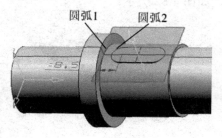

图 4.74　水平定位

图 4.75　"设置圆弧的位置"对话框

（24）在"设置圆弧的位置"对话框中选择"圆弧中心"作为第一个参考点，回到如图 4.73 所示的"水平"对话框。

（25）选择如图 4.74 所示的圆弧 2 作为另一个水平参考，系统再次弹出"设置圆弧的位置"对话框，如图 4.75 所示。

（26）在"设置圆弧的位置"对话框中选择"圆弧中心"作为第二个参考点，系统弹出"创建表达式"对话框，如图 4.76 所示。

（27）在"创建表达式"对话框中的文本框中输入数值"8.5"。单击"确定"按钮，返回如图 4.72 所示的"定位"对话框。

（28）在"定位"对话框中，单击 ![按钮] 按钮，打开"竖直"对话框，如图 4.77 所示。

图 4.76　"创建表达式"对话框

图 4.77　"竖直"对话框

（29）选择如图 4.78 所示的直线 1 作为竖直参考，再选择直线 2 作为另一个数值参考。系统弹出"创建表达式"对话框，如图 4.79 所示。

（30）在"创建表达式"对话框中的文本框中输入数值"5"。单击"确定"按钮，返回如图 4.72 所示的"定位"对话框。

（31）在"定位"对话框中单击 确定 按钮，完成矩形键槽创建，如图 4.80 所示。

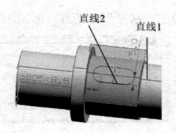

图 4.78　竖直定位

图 4.79　"创建表达式"对话框

(32) 创建矩形键槽 2。按上述类似操作步骤，创建与 $\phi$24 圆柱表面相切的基准平面 2，如图 4.81 所示。在基准平面 2 上创建矩形键槽 2，如图 4.82 所示。

图 4.80　创建矩形键槽 1

图 4.81　创建基准平面 2

(33) 创建坡口焊(割槽、槽)。单击"特征"工具栏中的　按钮，打开"槽"对话框，如图 4.83 所示。

图 4.82　创建矩形键槽 2

图 4.83　"槽"对话框

(34) 在"槽"对话框中单击"矩形"按钮，系统弹出"矩形槽"对话框，如图 4.84 所示。

(35) 在视图区域内选择如图 4.85 所示的圆柱表面"放置面 1"作为割槽放置面，系统弹出"矩形槽"参数对话框，如图 4.86 所示。

图 4.84　"矩形槽"对话框

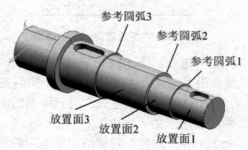

图 4.85　放置面和参考圆弧

(36) 设置"矩形槽"参数对话框中输入"槽直径"数值为"22","宽度"数值为"3",如图 4.86 所示。然后单击 确定 按钮,系统弹出"定位槽"对话框,如图 4.87 所示。

(37) 在视图区域中选择如图 4.85 所示的"参考圆弧 1"作为定位参考,再选择矩形槽的左端面圆弧,系统弹出"创建表达式"对话框,如图 4.88 所示。

(38) 在"创建表达式"对话框中输入数值"0",单击 确定 按钮,完成坡口焊 1 的创建,如图 4.89 所示。

图 4.86　"矩形槽"参数对话框

图 4.87　"定位槽"对话框

图 4.88　"创建表达式"对话框

图 4.89　坡口焊 1 创建结果图

(39) 同理,创建坡口焊 2。选择放置面 2 作为割槽放置面,如图 4.85 所示。设置"槽直径"数值为 24,"宽度"数值为 3,如图 4.90 所示。定位选择圆弧 2,如图 4.85 所示。其他操作与创建坡口焊 1 相同,创建结果如图 4.91 所示。

图 4.90　"矩形槽"参数对话框

图 4.91　坡口焊 2 创建结果图

(40) 同理,创建坡口焊 3。选择放置面 3 作为割槽放置面,如图 4.85 所示。设置"槽直径"数值为 28,"宽度"数值为 5,如图 4.92 所示。定位选择圆弧 3,如图 4.85 所示。其他操作与创建坡口焊 1 相同,创建结果如图 4.93 所示。

图 4.92　"矩形槽"参数对话框

图 4.93　坡口焊 3 创建结果图

(41) 倒斜角。在"特征操作"工具栏上单击"倒斜角"按钮，选择左侧 $\phi$32 圆柱和左端平面相交处的边，倒斜角 C2，如图 4.94 所示；选择右侧 $\phi$27 圆柱和 $\phi$24 圆柱及其右端平面相交处的两条边，倒斜角 C1，如图 4.95 所示。

图 4.94　倒斜角 C2

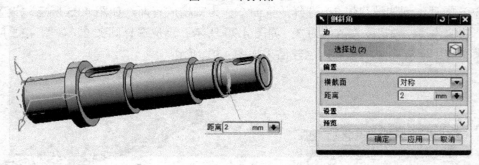

图 4.95　倒斜角 C1

(42) 边倒圆。在"特征操作"工具栏上单击"边倒圆"按钮，选择 $\phi$45 圆柱两端面与其两侧圆柱相交处的边，边倒圆 R1，如图 4.96 所示。

(43) 创建螺纹。在菜单栏中执行"插入"|"设计特征"|"螺纹"命令，或单击"特征"工具栏中的 按钮，打开"螺纹"对话框，在"螺纹类型"选项区域中选中"详细"单选按钮，单击 $\phi$27 圆柱表面，螺纹各参数设置如图 4.97 所示，创建的螺纹如图 4.98 所示。

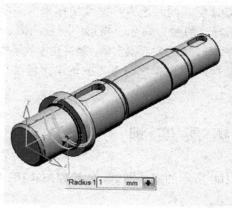

图 4.96 边倒圆 R1

图 4.97 螺纹参数设置

图 4.98 创建螺纹

（44）创建螺纹孔。在菜单栏中执行"插入"|"设计特征"|"孔"命令，或单击"特征"工具栏中的 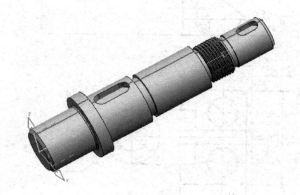 按钮，弹出"孔"对话框，在"类型"下拉列表框中选择"螺纹孔"选项，"指定点"选择轴左端面的圆心，各参数设置如图 4.99 所示。

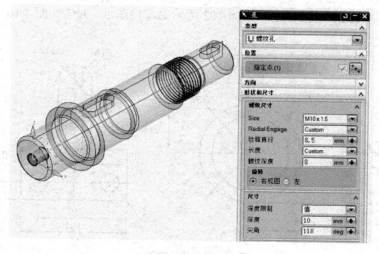

图 4.99 创建螺纹孔

(45) 隐藏处理。在部件导航器中按 Ctrl 键，同时选中"基准坐标系"、"草图"、"固定基准平面"选项，然后单击鼠标右键，选择"隐藏"命令，将选中对象隐藏。

(46) 调整视图方位。视图从坐标系的左、前、上方向观察实体，最终建模效果如图 4.3 所示。

(47) 保存文件。在菜单栏中执行"文件"|"保存"命令，或单击"标准"工具栏中的 按钮，完成文件的保存。

# 4.5 拓 展 实 训

(1) 综合应用建模命令，根据如图 4.100 所示的零件图纸，创建如图 4.101 所示的模型。

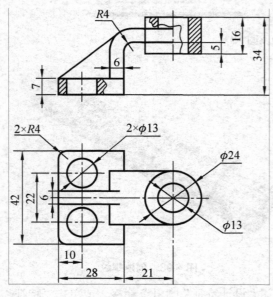

图 4.100 模型图纸(1)

图 4.101 模型展示(1)

🔘视频 4.101

(2) 综合应用建模命令，根据如图 4.102 所示的零件图纸，创建如图 4.103 所示的模型。

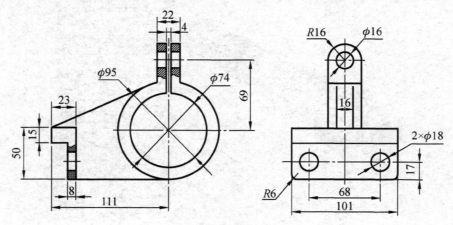

图 4.102 模型图纸(2)

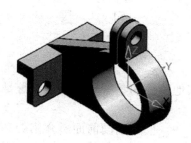

图 4.103　模型展示(2)　　　　　　　　　　🔩视频 4.103

(3) 综合应用建模命令，根据如图 4.104 所示的零件图纸，创建如图 4.105 所示的模型。

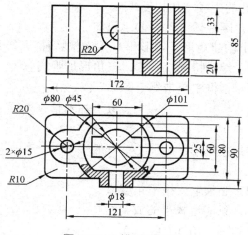

图 4.104　模型图纸(3)

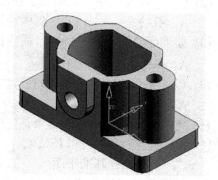

图 4.105　模型展示(3)

🔩视频 4.105

# 4.6　任 务 小 结

　　本项目主要介绍基准特征和附加设计特征。在实体建模中，基准特征为所创建的三维模型提供参考或基准的依据；附加设计特征是为已创建实体添加如孔、凸台、腔体、键槽、沟槽等特征。基准特征是创建三维实体的基础；附加设计特征是创建三维实体必要的操作和捷径。应熟练掌握基准创建和设计特征相关命令操作。

　　设计特征的学习要注意软件的命令提示，多尝试使用"自动判断"类型。UG NX 6.0中的"自动判断"功能是十分便捷的。学习时应注意建模时图层的选择使用，养成良好的建模习惯。

## 习　题

1．填空题

(1) _____可以作为其他特征的参考平面。其本身是一个无限大的平面，但实际上并不存在，也无质量和体积。

(2) 在特征建模中，_____的作用同前面所介绍的基准平面和基准轴是相同的，都是用来定位特征模型在空间上的位置。

2．选择题

(1) (　　　)和孔特征类似，只是生成方式和孔的生成方式相反。

　　A．坡口焊　　　　　B．凸台　　　　　C．圆柱体　　　　D．腔体

(2) (　　　)在建模中，只能用于在圆柱表面上创建矩形、球形和 U 形沟槽特征。

　　A．孔特征　　　　　B．割槽特征　　　　C．键槽特征　　　D．三角形加强筋

(3) 要创建"沉头孔"特征，需要在孔特征对话框中单击哪个图标？(　　　)

　　A．　　　　　　B．　　　　　　C．　　　　　D．以上都不是

(4) 以下哪个选项不是腔体的创建方法？(　　　)

　　A．圆柱形　　　　　B．矩形　　　　　C．燕尾形　　　　D．一般

(5) 下列关于圆台的说法哪个是正确的？(　　　)

　　A．圆台的高度可以是负值　　　　　　B．必须输入拔模角度值

　　C．不能选择基准平面　　　　　　　　D．只能选择平的放置面

(6) 若要进行"边倒圆"操作，需要单击下列哪个图标？(　　　)

　　A．　　　　　　B．　　　　　　C．　　　　　　D．

(7) 以下哪个图标是"凸垫"？(　　　)

　　A．　　　　　　B．　　　　　　C．　　　　　　D．

(8) 下图中实体上有 5 个键槽，请指出哪个是 T 型槽。(　　　)

A．　　　　B．　　　　C．　　　　D．　　　　E．

3．操作题

(1) 根据如图 4.106 所示的二维图，创建三维模型。

(2) 根据如图 4.107 所示的二维图，创建三维模型。

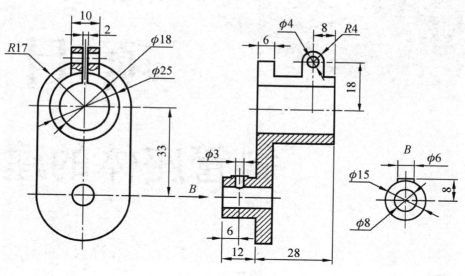

图 4.106 操作题(1)图

视频 4.106

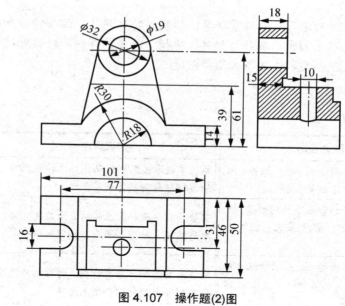

图 4.107 操作题(2)图

视频 4.107

# 项目 5

# 斜管座体的建模

## 学习目标

通过本项目的学习，熟练掌握草图绘制、特征操作、细节特征和关联复制等命令，通过基准平面和基准轴的创建，拔模、抽壳、阵列、镜像等建模指令的综合应用，完成座体类零件三维模型的创建。

## 学习要求

| 能力目标 | 知识要点 | 权重 |
|---|---|---|
| 能熟练掌握草图绘制、特征操作、细节特征和关联复制等命令 | 熟练掌握草图绘制技巧，熟悉特征操作、细节特征和关联复制等命令 | 30% |
| 能熟悉基准平面和基准轴的创建，拔模、抽壳、阵列、镜像等基本功能的运用 | 掌握基准平面和基准轴的灵活应用方法，熟悉拔模、抽壳、阵列、镜像等命令 | 30% |
| 能综合运用草图绘制、基准特征、特征操作、关联复制等命令完成座体类零件建模 | 掌握草图绘制、基准特征、特征操作、关联复制等命令的综合使用方法 | 40% |

## 引例

阀门和管件广泛用于石油天然气输送系统、供水装置等气体、液体或带固体颗粒的流体输送装置。阀门是流体输送系统中的控制部件，具有截止、调节、导流、防止逆流、稳压、分流或溢流泄压等功能。管件是将管子连接成管路的零件，根据连接方法可分为承插式管件、螺纹管件、法兰管件和焊接管件四类，根据用途不同可分为弯头、法兰、三通管、四通管和异径管等，如图 5.1 所示。

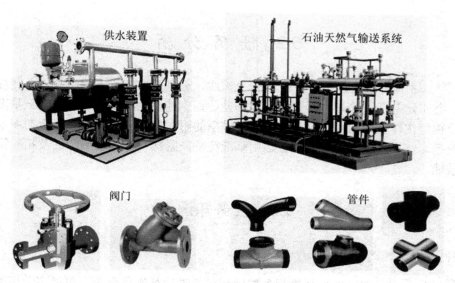

图 5.1　阀门和管件的实际应用

# 5.1　任　务　导　入

根据如图 5.2 所示的斜管座体结构尺寸图，综合运用建模命令，建立其三维模型，如图 5.3 所示。通过该项目的练习，应熟练掌握草图绘制、特征操作、关联复制等命令，掌握基准平面和基准轴的创建，通过拔模、创建孔、阵列等建模指令的综合应用来创建斜管座体类零件模型。

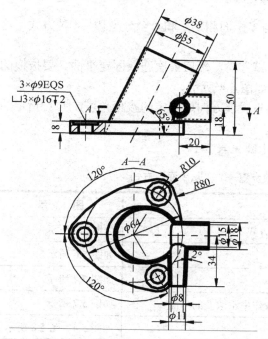

图 5.2　斜管座体结构尺寸图

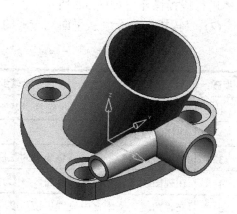

图 5.3　模型展示

　视频 5.3

# 5.2 任 务 分 析

从图 5.3 中可以看出，该模型由 4 部分组成，分别是底座、大圆柱筒、小圆柱筒和小锥管。4 个部分需要 4 个草图截面经拉伸创建，而创建草图需要首先创建若干基准平面和基准轴。模型主体创建后，经过孔命令完成模型的附加特征创建。创建锥管则需要拔模细节特征建模。该模型的创建需要综合运用基准特征、附加特征、细节特征及相应特征操作的建模技能。

# 5.3 任务知识点

### 5.3.1 特征操作

特征操作是对已存在的特征进行各种操作，通过特征操作命令，可以完善模型创建，从而满足工艺需求，符合生产要求。

**1. 拔模**

该命令是将实体表面沿指定的拔模方向倾斜一定角度。注塑件和铸件一般都需要一定的拔模斜度才能顺利脱模。

在菜单栏执行"插入"|"细节特征"|"拔模"命令，或单击"特征操作"工具栏中的按钮，打开"拔模"对话框，如图 5.4 所示。

(1) 拔模类型分为"从平面"、"从边"、"与多个面相切"和"至分型边" 4 种方式，这里重点介绍前两种。

① "从平面"：通过从选定的平面产生拔模方向，然后依次选取固定平面、要拔模的面，并设定拔模角度来创建拔模特征，对话框如图 5.4 所示。

② "从边"：从一系列实体的边缘开始，与拔模方向成一定的拔模角度，并对指定的实体进行拔模操作，如图 5.5 所示。

(2) "拔模"命令"从平面"方式的一般步骤见表 5-1。

表 5-1 "拔模"命令的一般步骤——"从平面"方式

| 步骤 | 创建步骤 | 图 示 |
| --- | --- | --- |
| 1 | 在"类型"下拉列表框中选择"从平面"方式 | 如图 5.4 所示 |
| 2 | 选择脱模的方向 | 如图 5.6 所示 |
| 3 | 单击"反向"按钮，调整选中的脱模方向 | 如图 5.4 所示 |
| 4 | 在视图区域内选择"固定面"，作为拔模操作中不改变的平面 | 如图 5.7 所示 |
| 5 | 在"角度"文本框中设置拔模角度 | 如图 5.4、图 5.8 所示 |
| 6 | 选择"要拔模的面"，即选择要倾斜的面 | 如图 5.8 所示 |
| 7 | 单击"确定"或"应用"按钮，完成拔模命令 | 如图 5.9 所示 |

图 5.4　"拔模"对话框——从平面

图 5.5　"拔模"对话框——从边

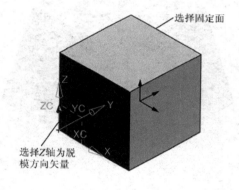

图 5.6　脱模方向

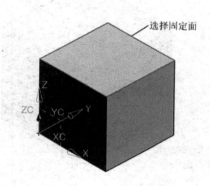

图 5.7　固定面

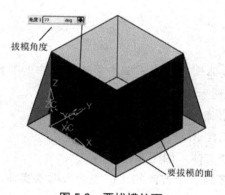

图 5.8　要拔模的面

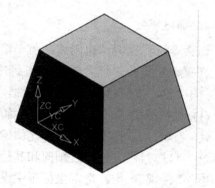

图 5.9　拔模效果

(3)　"拔模"命令"从边"方式的一般步骤见表 5-2。

表 5-2 "拔模"操作的一般步骤——"从边"方式

| 步骤 | 创建步骤 | 图 示 |
|------|---------|-------|
| 1 | 在"类型"下拉列表框中选择"从边"方式 | 如图 5.5 所示 |
| 2 | 选择脱模的方向 | 如图 5.10 所示 |
| 3 | 单击"反向"按钮，调整选中的脱模方向 | 如图 5.5 所示 |
| 4 | 在视图区域内选择"固定边缘"，作为拔模操作中不改变的实体边 | 如图 5.11 所示 |
| 5 | 在"角度"文本框中设置拔模角度 | 如图 5.5、图 5.11 所示 |
| 6 | 单击"确定"或"应用"按钮，完成拔模命令 | 如图 5.9 所示 |

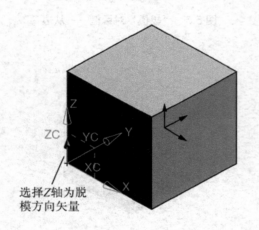

图 5.10 脱模方向　　　　　　　　　　图 5.11 固定边缘

2. 缩放体

该命令又称比例、比例体，用于缩放。

在菜单栏执行"插入"|"偏置/缩放"|"缩放体"命令，或单击"特征操作"工具栏中的 按钮，打开"缩放体"对话框，如图 5.12 所示。

(1) 系统提供了"均匀"、"轴对称"和"常规"3 种方式。

① "均匀"：指实体整体等比例缩放，如图 5.12 所示。

② "轴对称"：指通过轴向和其他方向来缩放实体，如图 5.13 所示。

③ "常规"：指在选定坐标系中设置 $X$、$Y$、$Z$ 这 3 个方向的比例因子来缩放实体，如图 5.14 所示。

图 5.12　"缩放体"对话框——均匀

图 5.13　"缩放体"对话框——轴对称图

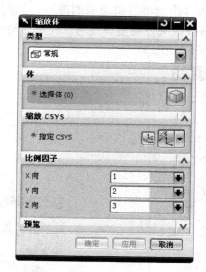

图 5.14　"缩放体"对话框——常规

(2) "缩放体"操作的一般步骤(以"均匀"方式为例)见表 5-3。

表 5-3　"缩放体"操作的一般步骤

| 步骤 | 创建步骤 |
|---|---|
| 1 | 选择缩放体类型："均匀"、"轴对称"或"常规" |
| 2 | 在视图区域中选择要缩放操作的实体 |
| 3 | "均匀"方式：指定缩放点(缩放中位置不变化的点)；<br>"轴对称"方式：指定矢量(轴向缩放的方向)、指定轴通过点(缩放中位置不变化的点)；<br>"常规"方式：指定 CSYS(缩放中参考的坐标系) |

续表

| 步骤 | 创建步骤 |
|---|---|
| 4 | "均匀"方式：输入比例因子数值；<br>"轴对称"方式：输入"沿轴向"和"其他方向"两个比例因子数值；<br>"常规"方式：输入"X 向"、"Y 向"和"Z 向"3 个比例因子数值 |
| 5 | 单击"确定"或"应用"按钮，完成缩放体命令 |

### 3. 抽壳

该命令根据指定壁厚值，将实体的一个或多个表面去除，从而掏空实体内部。该命令常用于塑料或铸造零件中，可以把零件内部掏空，使零件的厚度变小，从而节省材料。

在菜单栏执行"插入"|"偏置/缩放"|"抽壳"命令，或单击"特征操作"工具栏中的 按钮，打开"壳单元"对话框，如图 5.15 所示。

(1) 系统提供了"移除面，然后抽壳"和"对所有面抽壳"两种方式。

① "移除面后抽壳"：指选取一个或多个面作为抽壳面，选取的面为开口面，和内部实体一起被移除，剩余的面为以指定厚度值形成的薄壁，如图 5.15 所示。

② "对所有面抽壳"：指按照某个指定厚度值，在不穿透实体表面的情况下挖空实体，即可创建中空的实体，如图 5.16 所示。

图 5.15 "壳单元"对话框　　　　图 5.16 "壳单元"对话框——"对所有面抽壳"方式

(2) 通过"移除面，然后抽壳"方式抽壳的一般步骤见表 5-4。

表 5-4　"抽壳"操作的一般步骤("移除面，然后抽壳"方式)

| 步骤 | 创建步骤 | 图　示 |
|---|---|---|
| 1 | 选择抽壳类型："移除面，然后抽壳" | 如图 5.15 所示 |
| 2 | 选择要冲裁的面(即移除的面)，一个或多个 | 如图 5.17 所示 |
| 3 | 在对话框中设置抽壳厚度值 | 如图 5.15、图 5.18 所示 |
| 4 | 若需设置不同壁厚，在"备选厚度"选项区域选择要改变壁厚的面 | 如图 5.19 所示 |
| 5 | 在"厚度 1"文本框输入备选厚度值 | 如图 5.19 所示 |
| 6 | 单击"确定"或"应用"按钮，完成抽壳命令 | 如图 5.20 所示 |

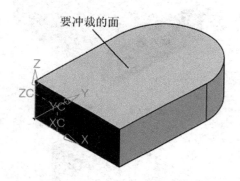

图 5.17　要冲裁的面

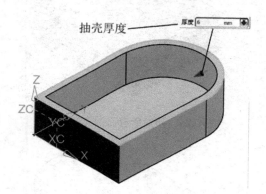

图 5.18　抽壳厚度

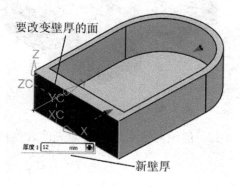

图 5.19　改变壁厚

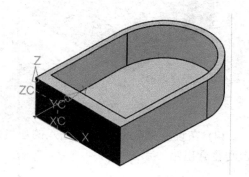

图 5.20　抽壳效果

(3) 通过"对所有面抽壳"方式抽壳的一般步骤见表 5-5。

表 5-5　"抽壳"操作的一般步骤("对所有面抽壳"方式)

| 步骤 | 创建步骤 | 图　示 |
|---|---|---|
| 1 | 选择抽壳类型："对所有面抽壳" | 如图 5.16 所示 |
| 2 | 选择要抽壳的体 | 如图 5.21 所示 |

续表

| 步骤 | 创建步骤 | 图 示 |
|---|---|---|
| 3 | 在对话框中设置抽壳厚度值 | 如图 5.16、图 5.22 所示 |
| 4 | 若需设置不同壁厚，在"备选厚度"选项区域选择要改变壁厚的面 | 如图 5.23 所示 |
| 5 | 在"厚度 1"文本框输入备选厚度值 | 如图 5.23 所示 |
| 6 | 单击"确定"或"应用"按钮，完成抽壳命令 | 如图 5.24 所示 |

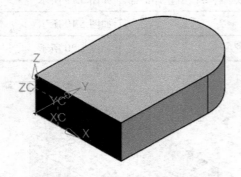

图 5.21　要对所有面抽壳的实体

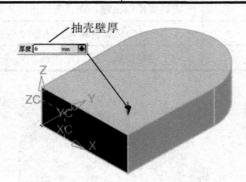

图 5.22　抽壳壁厚

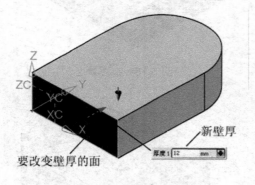

图 5.23　改变壁厚

图 5.24　抽壳效果(剖切展示)

(4) 在设置抽壳厚度时，输入的厚度值可正可负，但绝对值必须大于抽壳的公差值，否则将会出错。

**4. 拆分体**

该命令使用面、基准平面或几何实体将实体一分为二，同时保留两边。同以前版本不同的是，UG NX 6 在实体被拆分后仍然是参数化实体，并保留创建时的所有参数。

单击"特征操作"工具栏中的 按钮，打开"拆分体"对话框，如图 5.25 所示。

(1) "拆分体"对话框各选项功能如下。

① 选择体：选择要修剪的对象。

② 刀具：在"工具选项"下拉列表中可选择"面或平面"、"新平面"、"拉伸"和"回转"4 种方式。"面或平面"直接在视图区域中选取已有平面或基准平面作为修剪平面；"新平面"可通过下拉列表创建新的平面作为修剪平面。

(2) "拆分体" 操作的一般步骤见表 5-6。

表 5-6  "拆分体" 操作的一般步骤

| 步骤 | 创建步骤 |
|---|---|
| 1 | 选择要修剪的实体对象 |
| 2 | 选择现有面、基准平面或者新建基准平面作为修剪面 |
| 3 | 单击 "确定" 或 "应用" 按钮，完成拆分体命令 |

5. 修剪体

该命令使用一个已有面或者基准平面将实体一分为二，保留一边切除另一边。实体修剪后仍然是参数化实体，并保留创建时的所有参数。

单击 "特征操作" 工具栏中的 ▣ 按钮，打开 "修剪体" 对话框，如图 5.26 所示。

图 5.25  "拆分体" 对话框

图 5.26  "修剪体" 对话框

(1) "修剪体" 对话框各选项功能如下。

① 选择体：选择要修剪的对象。

② 刀具：在 "工具选项" 下拉列表中可选择 "面或平面" 和 "新平面" 两种方式。"面或平面" 方式直接在视图区域中选取已有平面或基准平面作为修剪平面；"新平面" 方式可通过下拉列表创建新的平面作为修剪平面。

③ 反向：单击 ▣ 按钮，调整修剪实体的方向。

(2) "修剪体" 操作的一般步骤见表 5-7。

表 5-7  "修剪体" 操作的一般步骤

| 步骤 | 创建步骤 |
|---|---|
| 1 | 选择要修剪的实体对象 |
| 2 | 选择现有面、基准平面或者新建基准平面作为修剪面 |
| 3 | 单击 "反向" 按钮，调整修剪实体的方向 |
| 4 | 单击 "确定" 或 "应用" 按钮，完成修剪体命令 |

**特别提示**

使用实体表面或片体修剪实体时，修剪面必须完全通过实体，否则会出现错误提示。

### 5.3.2 关联复制

**1. 实例特征**

该命令用来创建特征的矩形阵列和圆形阵列。实例是与形状链接的特征，类似于副本。该命令可以创建特征和特征集的实例。每一个特征的所有实例是相关的，可以编辑特征参数，从而反映到每个实例上。

在菜单栏执行"插入"|"关联复制"|"实例特征"命令，或单击"特征操作"工具栏中的■按钮，打开"实例"对话框，如图 5.27 所示。

(1) 实例特征包括"矩形阵列"、"圆形阵列"和"图样面"3 种方式。

① "矩形阵列"：用于从一个或多个选定特征中创建矩形阵列。

② "圆形阵列"：用于从一个或多个选定特征中创建圆形阵列，圆形阵列只能在当前坐标系 $XC$-$YC$ 平面上进行。

③ "图样面"：单击后打开"图样面"对话框，类似于"实例"命令。

(2) "矩形阵列"操作的一般步骤见表 5-8。

表 5-8 "矩形阵列"操作的一般步骤

| 步骤 | 创建步骤 | 图 示 |
|------|---------|-------|
| 1 | 选择"矩形阵列"实例特征种类 | 如图 5.27 所示 |
| 2 | 在视图区域内选择要进行实例特征操作的特征，单击"确定"按钮 | 如图 5.28 所示 |
| 3 | 在"输入参数"对话框中，设置实例特征参数，单击"确定"按钮 | 如图 5.29 所示 |
| 4 | 在"创建实例"对话框中，单击"是"按钮，完成实例特征操作 | 如图 5.30 所示 |

图 5.27 "实例"对话框(1)

图 5.28 选择要进行特征操作的特征

图 5.29　"输入参数"对话框

图 5.30　"创建实例"对话框

（3）"圆形阵列"操作的一般步骤见表 5-9。

表 5-9　"圆形阵列"操作的一般步骤

| 步骤 | 创建步骤 | 图　示 |
|---|---|---|
| 1 | 选择"圆形阵列"实例特征种类 | 如图 5.27 所示 |
| 2 | 在视图区域内选择要进行实例特征操作的特征，单击"确定"按钮 | 如图 5.28 所示 |
| 3 | 在"实例"对话框中，设置实例方法和参数，单击"确定"按钮 | 如图 5.31 所示 |
| 4 | 继续设置"点和方向"或"基准轴"，单击"确定"按钮 | 如图 5.32 所示 |
| 5 | 在"创建实例"对话框中，单击"是"按钮，完成实例特征操作 | 如图 5.30 所示 |

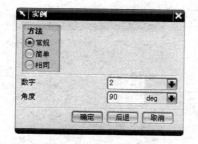

图 5.31　"实例"对话框(2)

图 5.32　"实例"对话框(3)

2. 镜像特征

该命令用来复制特征并根据选定平面进行镜像。

在菜单栏选择"插入"|"关联复制"|"镜像特征"命令，或单击"特征操作"工具条中的 按钮，弹出"镜像特征"对话框，如图 5.33 所示。

（1）"镜像特征"对话框各选项功能如下。

① 选择特征：选择要镜像操作的特征。

② 添加相关特征：选中该复选框，则将选定要镜像特征的相关特征包括在"相关特征"的列表框中。

③ 添加体中的全部特征：选中该复选框，则将选定要镜像特征所在实体中的所有特征

都包含在"相关特征"的列表框中。

④ 镜像平面：在"平面"下拉列表中可选择"现有平面"和"新平面"两种方式。"现有平面"方式直接在视图区域中选取已有平面或基准平面；"新平面"方式可通过下拉列表创建新的平面作为镜像平面。

(2)"镜像特征"操作的一般步骤见表 5-10。

表 5-10　"镜像特征"操作的一般步骤

| 步　　骤 | 创建步骤 |
| --- | --- |
| 1 | 在视图区域内直接选取要镜像的特征 |
| 2 | 若有需要，选中"相关特征"选项区域内的复选框 |
| 3 | 选择镜像平面或创建新镜像平面 |
| 4 | 单击"确定"或"应用"按钮，完成镜像特征创建 |

3. 镜像体

该命令用来复制实体并根据选定平面进行镜像。与镜像特征不同的是，镜像体必须以创建基准面作为镜像平面。

在菜单栏执行"插入"|"关联复制"|"镜像体"命令，或单击"特征操作"工具栏中的 按钮，打开"镜像体"对话框，如图 5.34 所示。

图 5.33　"镜像特征"对话框

图 5.34　"镜像体"对话框

(1)"镜像体"对话框各选项功能如下。

① 选择体：选择要镜像操作的实体，可直接在视图区域中选择一个或多个特征。

② 镜像平面：直接在视图区域中选取已有平面或基准平面。

③ 设置：选中"固定于当前时间戳记"复选框，可以对镜像体加上时间戳记，则此后对原实体的任何特征操作，如打孔、修剪等，都不会在镜像体中得到反映。

(2)"镜像体"操作的一般步骤见表 5-11。

表 5-11　"镜像体"操作的一般步骤

| 步　骤 | 创建步骤 |
|---|---|
| 1 | 创建基准平面作为镜像平面 |
| 2 | 在视图区域内直接选取要镜像的实体 |
| 3 | 选择已创建的基准平面作为镜像平面 |
| 4 | 单击"确定"或"应用"按钮，完成镜像体 |

## 5.4　建 模 操 作

以斜管座体为例，其建模操作步骤如下。

(1) 创建文件。创建一个基于模型模板的新公制部件，并输入"zuoti.prt"作为该部件的名称。

(2) 设置草图图层。在菜单栏执行"格式"|"图层设置"命令，打开"图层设置"对话框，在"工作图层"文本框中输入"21"，设置 21 层为工作层，关闭"图层设置"对话框，完成图层设置。

(3) 绘制底座草图截面。在菜单栏执行"插入"|"草图"命令，或单击"特征"工具栏中的 ![icon] 按钮，打开"创建草图"对话框。

(4) 选择 *XC-YC* 平面作为草图平面，单击"确定"按钮进入草图绘制界面。

(5) 绘制直径为 64mm 的基准圆、绘制夹角为 120° 的 3 条参考线；以 120° 基准线和基准圆的交点为圆心，绘制 3 个直径为 20mm 的圆；分别绘制与两圆相切且半径为 80mm 的圆弧；对草图进行完全约束，如图 5.35 所示。

(6) 单击"草图生成器"工具栏上的 ![完成草图] 按钮，完成草图截面的绘制，如图 5.36 所示。

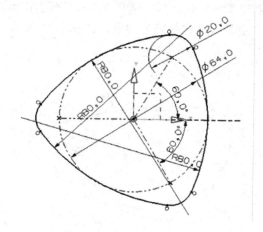

图 5.35　绘制草图

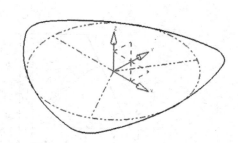

图 5.36　底座草图截面创建

(7) 设置实体图层。在菜单栏执行"格式"|"图层设置"命令，打开"图层设置"对话框，在"工作图层"文本框中输入"1"，设置 1 层为工作层，关闭"图层设置"对话框，完成图层设置。

(8) 拉伸特征，创建底座。在菜单栏执行"插入"|"设计特征"|"拉伸"命令，或单击"特征"工具栏中的 按钮，打开"拉伸"对话框，如图 5.37 所示。

(9) 在"拉伸"对话框"限制"选项区域中，设置"开始"选项为"值"，在其"距离"文本框中输入"0"；同样设置"结束"选项为"值"，在其"距离"文本框中输入"8"。

图 5.37  "拉伸"对话框

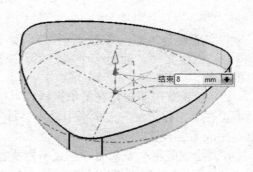

图 5.38  创建底座

(10) 在"拉伸"对话框中，单击 确定 按钮，完成底座拉伸特征的创建，如图 5.38 所示。

(11) 设置草图图层。在菜单栏执行"格式"|"图层设置"命令，打开"图层设置"对话框，在"工作图层"文本框中输入"21"，设置 21 层为工作层。

(12) 绘制草图，创建斜圆柱中心线。在"创建草图"对话框中选择 XC-YC 平面作为草图平面，单击"确定"按钮进入草图绘制界面，绘制斜直线并完全约束，如图 5.39 所示。完成草图之后，创建的斜圆柱中心线如图 5.40 所示。

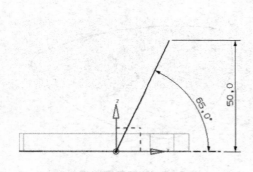

图 5.39  斜圆柱中心线草图绘制

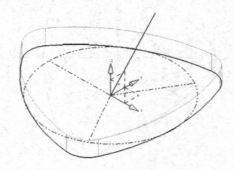

图 5.40  创建斜圆柱中心线

(13) 设置基准图层。在菜单栏执行"格式"|"图层设置"命令，打开"图层设置"对话框，在"工作图层"文本框中输入"61"，设置 61 层为工作层，关闭"图层设置"对话框，完成图层设置。

（14）创建基准平面 1。在菜单栏执行"插入"|"基准/点"|"基准平面"命令，或单击"特征"工具栏中的 □ 按钮，打开"基准平面"对话框，如图 5.41 所示。在"类型"下拉列表框中选择"在曲线上"选项，"选择曲线"选项设置为斜圆柱中心线，在"位置"下拉列表框中选择"通过点"选项，选择斜直线端点线，创建基准平面 1，如图 5.42 所示。

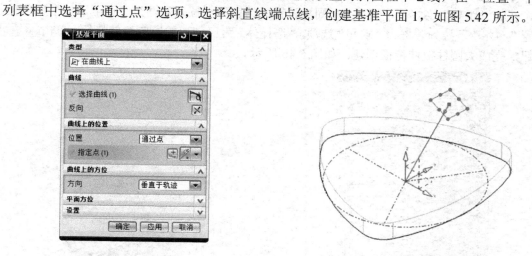

图 5.41  "基准平面"对话框

图 5.42  创建基准平面 1

（15）设置草图图层。在菜单栏执行"格式"|"图层设置"命令，打开"图层设置"对话框，在"工作图层"文本框中输入"21"，设置 21 层为工作层。

（16）绘制大圆柱草图截面。在菜单栏执行"插入"|"草图"命令，或单击"特征"工具栏中的 ﹇ 按钮，打开"创建草图"对话框。

（17）选择已创建的基准平面 1 作为草图平面，单击"确定"按钮进入草图绘制界面，以斜直线的端点为圆心，创建直径为 38mm 的圆，如图 5.43 所示。完成草图之后，创建的大圆柱截面如图 5.44 所示。

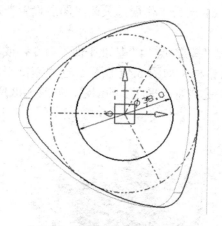

图 5.43  大圆柱草图截面绘制

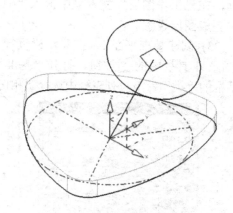

图 5.44  创建大圆柱草图截面

（18）设置实体图层。在菜单栏执行"格式"|"图层设置"命令，打开"图层设置"对话框，在"工作图层"文本框中输入"1"，设置 1 层为工作层，关闭"图层设置"对话框，完成图层设置。

(19) 拉伸特征，创建大圆柱。在菜单栏执行"插入"|"设计特征"|"拉伸"命令，或单击"特征"工具栏中的 按钮，打开"拉伸"对话框，如图 5.45 所示。

(20) 在"拉伸"对话框中的"限制"选项区域中设置"开始"下拉列表框为"值"选项，在其"距离"文本框中输入 0；同样设置"结束"下拉列表框为"直至下一个"选项，设置"布尔"下拉列表框为"求和"选项，"选择体"为已创建的底座拉伸特征，单击 确定 按钮，完成大圆柱拉伸特征创建，如图 5.46 所示。

图 5.45 "拉伸"对话框

图 5.46 创建大圆柱

(21) 隐藏。选择已创建的基准平面 1，单击"视图"工具栏中的 按钮，将其隐藏。

(22) 设置基准图层。在菜单栏执行"格式"|"图层设置"命令，打开"图层设置"对话框，在"工作图层"文本框中输入"61"，设置 61 层为工作层，关闭"图层设置"对话框，完成图层设置。

(23) 创建基准平面 2。在菜单栏执行"插入"|"基准/点"|"基准平面"命令，或单击"特征"工具栏中的 按钮，打开"基准平面"对话框，如图 5.47 所示。在"基准平面"对话框的"类型"下拉列表框中选择"相切"选项，完成基准平面 2 的创建，如图 5.48 所示。

图 5.47 "基准平面"对话框

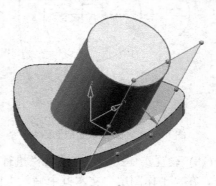

图 5.48 创建基准平面 2

(24) 创建基准平面 3。在菜单栏执行"插入"|"基准/点"|"基准平面"命令，或单击"特征"工具栏中的 □ 按钮，打开"基准平面"对话框，在"类型"下拉列表框中选择"按某一距离"选项；选择坐标系 *XC-YC* 平面作为创建基准平面的"平面参考"；在偏置选项的"距离"文本框中输入 18，作为偏置距离；在偏置选项中，单击"反向"按钮 ⊠，调整基准平面创建方向，如图 5.49 所示。单击 确定 按钮，完成基准平面 3 的创建，如图 5.50 所示。

图 5.49  "基准平面"对话框(3)

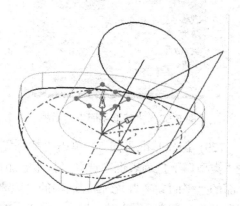

图 5.50  创建基准平面 3

(25) 创建基准轴。在菜单栏执行"插入"|"基准/点"|"基准轴"命令，或单击"特征"工具栏中的 ↑ 按钮，打开"基准轴"对话框，在"类型"下拉列表框中选择"交点"选项，如图 5.51 所示。

(26) 在视图区域中，分别选择已创建的基准平面 2 和基准平面 3 作为"要相交的对象"，在"基准轴"对话框中单击 确定 按钮，完成基准轴的创建，如图 5.52 所示。

图 5.51  "基准轴"对话框

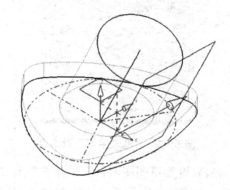

图 5.52  创建基准轴

(27) 创建基准平面 4。单击"特征"工具栏中的 □ 按钮，打开"基准平面"对话框。在"类型"下拉列表框中选择"成一角度"选项；在角度选项区域的"角度选项"下拉列表框中选择"平行"选项，如图 5.53 所示。

(28) 在视图区域中，选择 *YC-ZC* 坐标平面作为创建基准平面的"平面参考"，选择基准轴作为创建基准平面的"通过轴"，创建通过基准轴与 *YC-ZC* 坐标平面平行的基准平面 4，如图 5.54 所示。

图 5.53　"基准平面"对话框

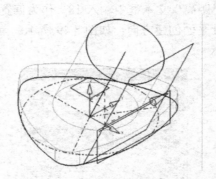

图 5.54　创建基准平面 4

（29）创建基准平面 5。单击"特征"工具栏中的 按钮，打开"基准平面"对话框，在"类型"下拉列表框中选择"按某一距离"选项。选择已创建的基准平面 6 作为创建基准平面的"平面参考"，在偏置选项的"距离"文本框中输入"20"，作为偏置距离，如图 5.55 所示。在"基准平面"对话框中，单击 确定 按钮，完成基准平面 5 的创建，如图 5.56 所示。

（30）隐藏。选择已创建的基准平面 2 和基准平面 3，单击"视图"工具栏中的 按钮，将其隐藏。

图 5.55　"基准平面"对话框

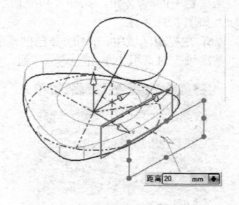

图 5.56　创建基准平面 5

（31）设置草图图层。在菜单栏执行"格式"|"图层设置"命令，打开"图层设置"对话框，在"工作图层"文本框中输入"21"，设置 21 层为工作层，关闭"图层设置"对话框，完成图层设置。

（32）绘制中圆柱草图截面。单击"特征"工具栏中的 按钮，打开"创建草图"对话框。选择已创建的基准平面 5 作为草图平面，单击"确定"按钮进入草图绘制界面，如图 5.57 所示。

（33）创建直径为 18mm 的圆，将圆心约束在 *ZC* 坐标轴上，高度方向尺寸约束为 18，创建中圆柱截面，如图 5.58 所示。单击"草图生成器"工具栏上的 完成草图 按钮。

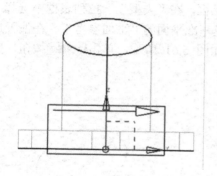

图 5.57　草图绘制界面

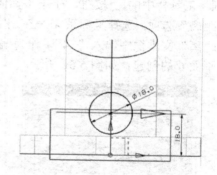

图 5.58　创建中圆柱截面

(34) 设置实体图层。在菜单栏执行"格式"|"图层设置"命令，打开"图层设置"对话框，在"工作图层"文本框中输入"1"，设置 1 层为工作层，关闭"图层设置"对话框，完成图层设置。

(35) 拉伸特征，创建中圆柱。在菜单栏执行"插入"|"设计特征"|"拉伸"命令，或单击"特征"工具栏中的■按钮，打开"拉伸"对话框，如图 5.59 所示。

(36) 选择中圆柱草图截面，作为拉伸截面；在"限制"选项区域，设置"开始"选项为"值"，在其"距离"文本框中输入"0"；同样设置"结束"选项为"直至下一个"；设置"布尔"选项为"求和"，"选择体"为已创建实体，完成中圆柱创建，如图 5.60 所示。

图 5.59　"拉伸"对话框

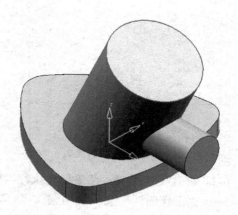

图 5.60　创建中圆柱

(37) 设置基准图层。在菜单栏执行"格式"|"图层设置"命令，打开"图层设置"对话框，在"工作图层"文本框中输入"61"，设置 61 层为工作层。

(38) 创建基准平面 6。在菜单栏执行"插入"|"基准/点"|"基准平面"命令，或单击

"特征"工具栏中的 □ 按钮，打开"基准平面"对话框，在"类型"下拉列表框中选择"按某一距离"选项；选择坐标系 *XC-ZC* 平面作为创建基准平面的"平面参考"； 在偏置选项的"距离"文本框中输入"34"，作为偏置距离，如图 5.61 所示。单击 确定 按钮，完成基准平面 6 的创建，如图 5.62 所示。

图 5.61  "基准平面"对话框

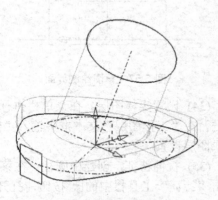

图 5.62  创建基准平面 6

(39) 设置草图图层。在菜单栏执行"格式"|"图层设置"命令，打开"图层设置"对话框，在"工作图层"文本框中输入"21"，设置 21 层为工作层。

(40) 绘制锥管小端外圆草图截面。单击"特征"工具栏中的 按钮，打开"创建草图"对话框。选择基准平面 6 作为草图平面，单击"确定"按钮进入草图绘制界面，如图 5.63 所示。创建锥管小端外圆截面，如图 5.64 所示。

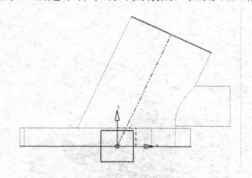

图 5.63  草图绘制界面

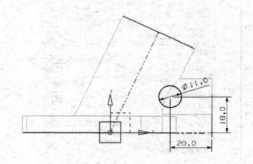

图 5.64  创建锥管小端外圆截面

(41) 设置实体图层。在菜单栏执行"格式"|"图层设置"命令，打开"图层设置"对话框，在"工作图层"文本框中输入"1"，设置 1 层为工作层。

(42) 拉伸特征，创建锥管外圆锥体。在菜单栏执行"插入"|"设计特征"|"拉伸"命令，或单击"特征"工具栏中的 按钮，打开"拉伸"对话框，如图 5.65 所示。

(43) 选择锥管小端外圆草图截面，作为拉伸截面；单击"方向"选项中的"反向"按钮 区，调整拉伸方向；在"限制"选项区域中设置"开始"选项为"值"，在其"距离"文本框中输入 0；同样设置"结束"选项为"直至下一个"；设置"布尔"选项为"求和"；

设置"拔模"选项为"从起始位置","角度"为"-2"度,创建实体,如图 5.66、图 5.67所示。

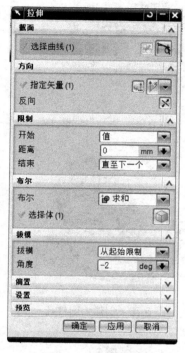

图 5.65  "拉伸"对话框

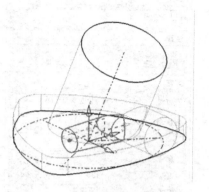

图 5.66  草图截面 4 绘制

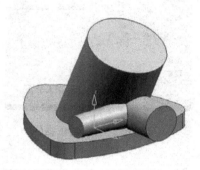

图 5.67  创建锥管外圆锥体

(44) 创建孔特征,创建大圆柱孔。在菜单栏执行"插入"|"设计特征"|"孔"命令,或单击"特征"工具栏中的 按钮,打开"孔"对话框。在"孔"对话框的"类型"下拉列表框中选择"常规孔"类型;"方向"选项区域中选择"垂直于面"方式;在"形状和尺寸"选项区域中,选择"成形"类型为"简单";设置"直径"文本框为"35",在"深度限制"下拉列表框中选择"贯通体"选项;"布尔"选项区域中,选择"布尔"方式为"求差",如图 5.68 所示。

(45) 在"孔"对话框的"位置"选项区域单击"指定点"按钮,选择如图 5.69 所示的圆心,作为孔特征的圆心。

(46) 在"孔"对话框中,单击 确定 按钮,完成大圆柱孔创建,如图 5.70 所示。

(47) 创建孔特征,创建中圆柱孔。在菜单栏执行"插入"|"设计特征"|"孔"命令,或单击"特征"工具栏中的 按钮,打开"孔"对话框。在"类型"下拉列表框中选择"常规孔"选项;在"形状和尺寸"选项区域中,选择"成形"类型为"简单";设置"直径"文本框为 15,设置"深度限制"选项为"直至下一个",如图 5.71 所示。

(48) 在"孔"对话框的"位置"选项区域单击"指定点"按钮,选择如图 5.72 所示的圆心,作为孔特征的圆心。

(49) 在"孔"对话框中,单击 确定 按钮,完成中圆柱孔创建,如图 5.73 所示。

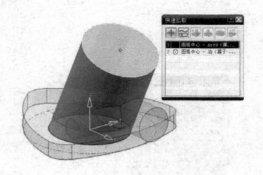

图 5.69　"孔"位置(1)

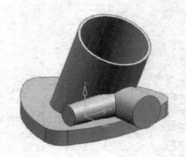

图 5.68　"孔"对话框(1)

图 5.70　创建大圆柱孔

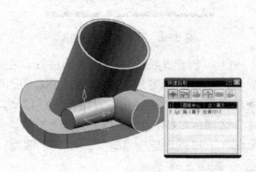

图 5.72　"孔"位置(2)

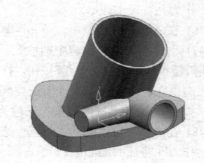

图 5.71　"孔"对话框(2)

图 5.73　创建中圆柱孔

(50) 创建孔特征，创建锥管内孔。在菜单栏执行"插入"|"设计特征"|"孔"命令，或单击"特征"工具栏中的 ![button] 按钮，打开"孔"对话框。在"类型"下拉列表框中选择"常规孔"选项；在"形状和尺寸"选项区域中，选择"成形"类型为"简单"；设置"直径"文本框为"8"，设置"深度限制"选项为"直至下一个"，如图 5.74 所示。

(51) 在"孔"对话框的"位置"选项区域单击"指定点"按钮，选择如图 5.75 所示的圆心，作为孔特征的圆心。

(52) 在"孔"对话框中，单击 确定 按钮，完成锥管内圆柱孔的创建，如图 5.76 所示。

图 5.74　"孔"对话框(3)

图 5.75　"孔"位置(3)

图 5.76　孔特征 3 创建

(53) 进行拔模特征操作，创建锥管内圆锥孔。在菜单栏执行"插入"|"细节特征"|"拔模"命令，或单击"特征"工具栏中的 ![button] 按钮，打开"拔模"对话框，在"类型"下拉列表框中选择"从平面"选项，如图 5.77 所示。

(54) 在"拔模"对话框中，"脱模方向"选项区域中"指定矢量"设置为"自动判断的矢量"，沿锥管内孔轴向；"固定面"选择锥管小端面；在"要拔模的面"选项区域中，单击"选择面"按钮，选择锥管内孔圆柱面，设置"角度"为"2"度，创建锥管内圆锥孔，如图 5.78 所示。

(55) 孔特征操作，创建沉头孔。单击"特征"工具栏中的 ![button] 按钮，打开"孔"对话框。在"类型"下拉列表框中选择"常规孔"方式；在"方向"选项区域中选择"垂直于面"方式；在"形状和尺寸"选项区域中，选择"成形"类型为"沉头孔"；设置"沉头孔直径"文本框为"16"，设置"沉头孔深度"文本框为"2"，设置"直径"文本框为"9"，设置"深度限制"选项为"贯通体"，如图 5.79 所示。

(56) 在"孔"对话框的"位置"选项区域单击"指定点"按钮，选择如图 5.80 所示的圆心，作为孔特征的圆心。

(57)在"孔"对话框中，单击 确定 按钮，完成沉头孔创建，如图 5.81 所示。

图 5.77　孔特征 3 创建

图 5.78　创建锥管内圆锥孔

图 5.79　"孔"对话框(4)

图 5.80　"孔"位置

图 5.81　孔特征 4 创建

(58) 创建实例特征。在菜单栏执行"插入"|"关联复制"|"实例特征"命令，或单击"特征操作"工具栏中的 ![按钮] 按钮，打开"实例"对话框，如图 5.82 所示。

(59) 在"实例"对话框中单击"圆形阵列"按钮，系统弹出"实例"特征选择对话框，如图 5.83 所示。

(60) 在视图区域中或在如图 5.83 所示的对话框中选择已创建的沉头孔特征，如图 5.84 所示，单击"确定"按钮，系统弹出"实例"对话框，如图 5.85 所示。

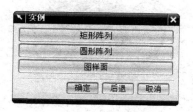

图 5.82  "实例"类型对话框

图 5.83  "实例"特征选择对话框

图 5.84  选择实例特征

选择沉头孔特征

图 5.85  "实例"参数对话框

(61) 在如图 5.85 所示的"实例"对话框中设置"方法"为"常规",在"数字"文本框中输入"3",在"角度"文本框中输入"120",单击"确定"按钮,系统弹出"实例"旋转轴选择对话框,如图 5.86 所示。

(62) 在如图 5.86 所示的"实例"旋转轴选择对话框中单击"基准轴"按钮,系统弹出"选择一个基准轴"对话框,如图 5.87 所示。

图 5.86  "实例"旋转轴选择对话框

图 5.87  "选择一个基准轴"对话框

(63) 在视图区域中选择 ZC 轴作为实例操作的旋转轴,系统弹出"创建实例"对话框,如图 5.88 所示。

(64) 根据视图中的实例特征预览,如图 5.89 所示,单击"是"按钮,以预览样式创建实例特征。

(65) 调整视图方位。单击"视图"工具栏中的"正等测"按钮 ，视图以正等测角关系,从坐标系的右、前、上方向观察实体,最终建模效果如图 5.3 所示。

(66) 保存文件。在菜单栏执行"文件"|"保存"命令，或单击"标准"工具栏中的 ![保存按钮] 按钮，完成文件的保存。

图 5.88　"创建实例"对话框

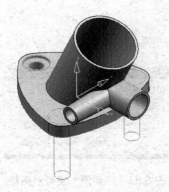

图 5.89　实例特征预览

## 5.5　拓 展 实 训

(1) 综合应用建模命令，根据如图 5.90 所示的零件图纸，创建如图 5.91 所示的模型。

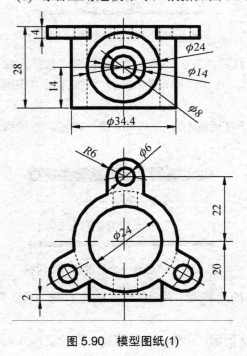

图 5.90　模型图纸(1)

图 5.91　模型展示(1)

⚙ 视频 5.91

（2）综合应用建模命令，根据如图 5.92 所示的零件图纸，创建模型。

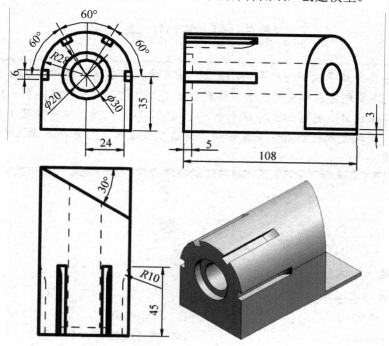

图 5.92　模型图纸和模型展示(2)

视频 5.92

（3）综合应用建模命令，根据如图 5.93 所示的零件图纸，创建模型。

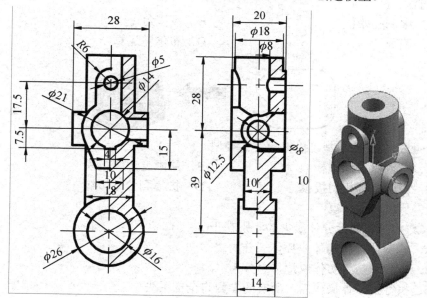

图 5.93　模型图纸和模型展示(3)

视频 5.93

## 5.6 任务小结

　　本项目主要介绍了细节特征和关联复制。细节特征是在特征建模的基础上增加一些细节表现；关联复制完成模型特征和实体的相关复制工作。细节特征是在毛坯模型的基础上进行的详细设计，通过细节特征命令，可以完善模型创建，从而满足工艺需求、符合生产要求；关联复制可以减少重复劳动，提高工作效率。两者都是建模的必备技能，应该熟练掌握。

## 习　　题

1．选择题

(1) 下列哪个命令不属于"实例特征"操作？(　　)

  A．矩形阵列　　　　　　　　　B．环形阵列

  C．镜像体　　　　　　　　　　D．绕直线旋转

  E．镜像特征

(2) 下图的实体是由左侧的曲线通过"拉伸"命令完成的，请指出在拉伸的过程中没有使用的方法。(　　)

  A．限制起始值　　　　　　　　B．拔模角

  C．偏置　　　　　　　　　　　D．布尔差运算

(3) 下面哪个选项不是"拔模角"的类型？(　　)

  A．从固定平面拔模　　　　　　B．从固定边缘拔模

  C．对面进行相切拔模　　　　　D．拔模到分型边缘

  E．从最高点拔模

(4) 修剪体操作和拆分体最大的区别在于(　　)。

  A．修剪体是将实体或片体一分为二

  B．拆分体是将实体或片体一分为二

  C．执行拆分体操作后，所有的参数将全部丢失

  D．执行修剪体操作后，所有的参数将全部丢失

2. 操作题

(1) 根据如图5.94所示的二维图纸，创建三维模型。

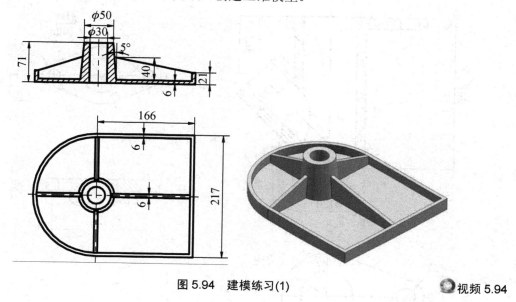

图5.94 建模练习(1)

● 视频5.94

(2) 根据如图5.95所示的二维图纸，创建三维模型。

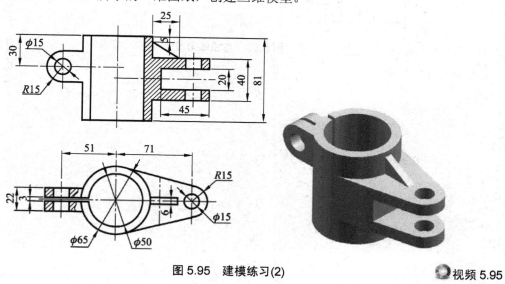

图5.95 建模练习(2)

● 视频5.95

(3) 根据如图 5.96 所示的二维图纸，创建三维模型。

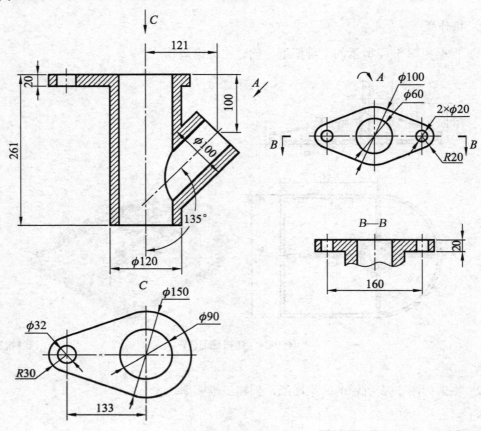

图 5.96　建模练习(3)　　　　　　　　　　　　🌐视频 5.96

# 模块二

## 曲面类产品的三维实体建模

# 项目 6

# 电热杯体的建模

项目 6

## 学习目标

通过本项目的学习，了解曲面建模可用于构造用标准建模方法无法创建的复杂形状，它既能生成曲面片体，也能生成实体。熟悉曲面建模的一般步骤：根据产品轮廓创建曲线；利用通过曲线组、直纹、通过曲线网格、扫掠等选项，创建产品的曲面；利用桥接面、修剪的片体等功能，对曲面进行编辑，最终得到完整的曲面产品模型。

## 学习要求

| 能力目标 | 知识要点 | 权重 |
|---|---|---|
| 能综合应用草图绘制、投影曲线和变换等命令创建曲线，为曲面建模奠定基础 | 了解曲面创建基本工具和操作方法 | 20% |
| 能够熟悉"通过曲线组"命令创建曲面的具体步骤，会运用曲面操作命令创建曲面 | 掌握通过曲线组创建曲面的方法 | 40% |
| 能综合运用有界平面、修建片体、缝合等命令完成曲面片体或实体创建，通过曲面加厚或抽壳完成电热杯体曲面模型创建 | 熟悉有界平面的创建，掌握修建片体、缝合等曲面操作命令，掌握通过曲面加厚创建曲面类模型实体 | 40% |

## 引例

电热杯、电水壶属于常用的家用电器，按其功能和使用场合不同可分为防干烧多功能电热杯、保温电水壶、防烫电水壶、快速电热水壶、自动断电电水杯、车载电热杯等，其机身材质有不锈钢、塑料、陶瓷、紫砂和耐热玻璃等，其杯体外观大多采用流线型曲面造型设计，增添了几分时尚元素，如图 6.1 所示。

塑料电热杯

陶瓷车载电热杯

蓝光玻璃电水壶

不锈钢电水壶

图 6.1　电热杯实际应用

# 6.1　任务导入

　　根据如图 6.2 所示的电热杯体平面图形建立其三维模型(图 6.3)。完成该项目任务，需要使用草图功能、创建基准面、投影曲线和变换等命令绘制产品轮廓曲线，初步掌握使用通过曲线组、拉伸特征、有界平面、修剪的片体和缝合等功能创建一般曲面模型的技能。

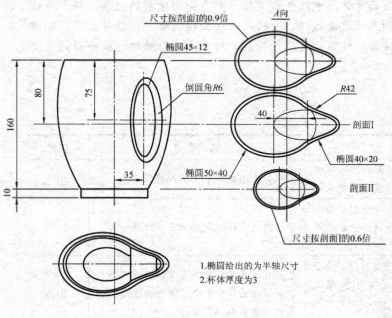

图 6.2　电热杯体平面图形

图 6.3　电热杯体模型

🔘 视频 6.3

# 6.2　任务分析

　　从图 6.2 和图 6.3 可以看出，该模型主要由杯体、把手和杯底 3 部分组成。杯体的各个截面按照不同的比例变化，可首先利用草图功能绘制基准截面Ⅰ，然后使用投影曲线和变换功能绘制顶部和底部另外两个截面曲线，最后利用"通过曲线组"命令完成模型主体曲面的创建。把手部分的曲面通过拉伸椭圆曲线然后修剪曲面实现，杯底曲面通过拉伸特征和有界平面创建。所有曲面完成后可以通过缝合成片体，圆角部分使用"边倒圆"命令来创建，然后使用"加厚"功能将曲面加厚到图纸要求的厚度。

# 6.3　任务知识点

基于曲线构建曲面的常用命令主要包括直纹、通过曲线组、曲线网格、扫掠等。

### 6.3.1　通过曲线组

该命令是指通过一系列轮廓曲线(大致在同一方向)建立曲面或实体。轮廓曲线又叫截面线串。截面线串可以是曲线、实体边界或实体表面等几何体。其生成特征与截面线串相关联，当截面线串编辑修改后，特征会自动更新。

执行"插入"|"网格曲面"|"通过曲线组"命令，或者单击"曲面"工具栏中的"通过曲线组"按钮，打开"通过曲线组"对话框，如图 6.4 所示。

利用草图或曲线功能创建 3 条曲线，如图 6.5 所示。在"通过曲线组"对话框的"截面"选项区域单击"选择曲线或点"按钮，选择第 1 条曲线，然后单击"添加新集"按钮，或单击鼠标中键，再选择第 2 条曲线，以此类推，创建曲面如图 6.6 所示。

图 6.4　"通过曲线组"对话框

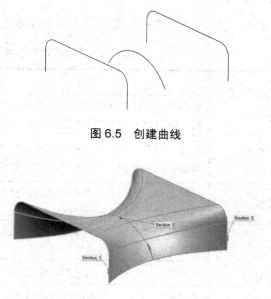

图 6.5　创建曲线

图 6.6　"通过曲线组"命令创建曲面

特别提示

使用"通过曲线组"命令时,选取曲线一定要注意选取顺序,截面曲线的箭头表示曲线的方向,所有曲线组线串方向要一致,即各曲线的起始点位置应保持一致。

"通过曲线组"对话框中各常用选项说明如下。

1. 截面

"截面"选项区域中各选项的含义见表 6-1。

表 6-1　"截面"选项区域中各选项含义

| 选　项 | | 含　义 |
|---|---|---|
| | 选择曲线或点 | 最多可选择 150 个截面线串。点只能用于"第一个"截面或"结束"截面 |
| | 反向 | 反转各个截面的方向。为了生成最光顺的曲面,所有截面线串都必须指向相同的方向 |
| | Specify Origin Curve | 选择封闭曲线环时,允许用户更改原点曲线 |
| | 添加新集 | 将当前截面添加到模型中并创建一个新的截面。还可以在选择截面时,通过单击鼠标中键来添加新集 |
| | 列表 | 向模型中添加线串集时,列出这些线串集。可以通过重排序或删除线串来修改截面线串集 |

2. 连续性

"连续性"选项区域中各选项的含义见表 6-2。

表 6-2　"连续性"选项区域各选项含义

| 选　项 | | 含　义 |
|---|---|---|
| 应用于全部 | | 将相同的连续性应用于第一个和最后一个截面线串。选中此复选框并选择连续性设置时,UG NX 6 将把更改应用于这两个设置 |
| 第一截面 | | 从每个列表中为模型选择相应的 G0、G1 或 G2 连续性。如果选中了"应用于全部"复选框,则选择一个便可更新这两个设置 |
| 最后截面 | | |
| 选择面 | | 分别选择一个或多个面作为约束曲面在"第一截面"和"最后截面"处与创建的直纹曲面保持相应的连续性 |
| 流路方向 | | 指定与约束曲面相关的流动方向。此选项仅适用于使用约束曲面的模型,在所有"连续性"选项设置为 G0 时不可用 |
| | 未指定 | 流动方向直接通到对立面 |
| | 等参数 | 流动方向沿着约束曲面的等参数方向($U$ 或 $V$) |
| | 垂直 | 流动方向垂直于约束曲面的基准边 |

### 3. 对齐

"对齐"选项区域通过定义如何沿截面线串隔开新曲面的等参数曲线，来控制曲面的形状，各选项的含义见表 6-3。

表 6-3　"对齐"选项区域中各选项的含义

| 选　项 | 含　义 |
| --- | --- |
| 参数 | 沿截面线串以相等的圆弧长参数间隔隔开等参数曲线连接点 |
| 圆弧长 | 沿定义的曲线以相等的圆弧长间隔隔开等参数曲线连接点 |
| 根据点 | 在不同形状的截面线串之间对齐点。系统沿截面方向放置对齐点和其对齐线。可以添加、删除和移动这些点，以保留尖角或细化曲面形状 |
| 距离 | 在指定方向上将点沿每个截面以相等的距离隔开。这样会得到全部位于垂直于指定方向矢量的平面内的等参数曲线。定义的曲线将确定曲面范围，曲面延续到一些曲线的终点为止 |
| 角度 | 在指定轴线周围将点沿每条曲线以相等的角度隔开。这样得到所有在包含有轴线的平面内的等参数曲线。曲面的范围取决于定义曲线，曲面延续直到它到达一条定义曲线的终点为止 |
| 脊线 | "脊线"将点放置在选定曲线与垂直于输入曲线的平面的相交处。得到的曲面的范围取决于这条脊线的限制 |
| 根据分段 | 与参数对齐方法相似，只是系统沿每条曲线段等距隔开等参数曲线，而不是按相同的圆弧长参数间隔隔开 |

### 4. 输出曲面选项

"输出曲面选项"选项区域中各选项的含义见表 6-4。

表 6-4　"输出曲面选项"选项区域各选项的含义

| 选　项 | 含　义 |
| --- | --- |
| 补片类型 | 通过选择"补片类型"，可以控制 $V$ 向(垂直于线串)的补片将是单个还是多个。如果选择"单个"，则 $V$ 向的阶次将由线串数确定——阶次比选择的线串数小 1 |
| $V$ 向封闭 | 对于多个补片来说，行方向($U$ 向)的体的封闭状态取决于截面线串的封闭状态。如果选择的线串全部封闭，则生成的体将在 $U$ 向上封闭。当选中"$V$ 向封闭"复选框时，片体沿列($V$ 向)方向封闭。如果截面线串处于封闭状态并且该选项启用时，UG NX 6 将创建一个实体 |
| 垂直于终止截面 | 使输出曲面垂直于两个终止截面 |

### 6.3.2　有界平面

使用"有界平面"命令可以创建由一组首尾相连的平面曲线封闭的平面曲面。其中，曲线必须共面，且形成封闭形状。

执行"插入"|"曲面"|"有界平面"命令(或者单击"特征"工具栏中的"有界平面"

按钮)，打开"有界平面"对话框，如图 6.7 所示。

"有界平面"命令通过选择连续的边界曲线串或边线串来指定平面截面，如图 6.8 所示。如要创建一个带孔的平面，还必须定义所有内部孔的边界，如图 6.9 所示。

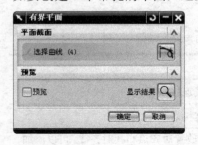

图 6.7 "有界平面"对话框　　图 6.8 创建"有界平面"(1)　　图 6.9 创建"有界平面"(2)

### 6.3.3 修剪的片体

在曲面设计中，用户创建的曲面往往大于实际模型的曲面，在此基础上可利用"修剪的片体"功能把曲面裁剪成与模型曲面一致的尺寸。修剪的片体功能提供了对曲面进行裁剪的方法。

单击"曲面"工具栏中的"修剪的片体"按钮，打开"修剪的片体"对话框，如图 6.10 所示。

"修剪的片体"命令的操作要点如图 6.11 所示，选择图示曲面作为"目标"片体，选择环形片体为"边界对象"，在"投影方向"下拉列表框中选择"垂直于面"选项，在"选择区域"选项区域中选中"舍弃"单选按钮，"修剪的片体"结果模型如图 6.12 所示。

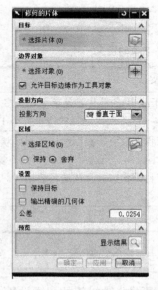

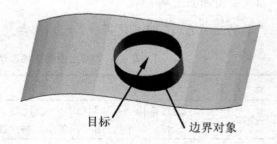

图 6.11 确定目标和边界对象

图 6.10 "修剪的片体"对话框　　　图 6.12 "修剪的片体"结果模型

"修剪的片体"对话框中各选项的含义见表 6-5。

表 6-5　"修剪的片体"对话框中各选项的含义

| 选　　项 | | 含　　义 |
| --- | --- | --- |
| 目标 | 选择片体 | 选择目标曲面作为要修剪的曲面。用于选择目标曲面的光标位置，同时也指定了一个用于指定区域的区域点 |
| 边界对象 | 选择对象 | 选择作为修剪边界的对象，该对象可以是面、边、曲线和基准平面 |
| | 允许目标边缘作为工具对象 | 选中该复选框可将目标片体的边过滤出来，作为修剪对象 |
| 投影方向 | 垂直于面 | 定义投影方向为沿着面的法向方向。如果定义投影方向的对象发生更改，则得到的修剪的曲面体会随之更新。否则，投影方向是固定的 |
| | 垂直于曲线平面 | 将投影方向定义为垂直于边界曲线所在的平面 |
| | 沿矢量 | 将投影方向定义为沿矢量方向。如果选择 $XC$ 轴、$YC$ 轴或 $ZC$ 轴作为投影方向，则当更改工作坐标系(WCS)时，投影方向将随着改变 |
| 区域 | 选择区域 | 完成选择目标曲面体、投影方法和修剪对象后，可以选择要保持和舍弃哪些区域。选定的区域与修剪对象相关联 |
| | 保持 | 当修剪曲面时保持选定的区域 |
| | 舍弃 | 当修剪曲面时舍弃选定的区域 |

### 6.3.4　缝合

"缝合"命令可将两个或更多片体连结成一个片体。如果这组片体完全包围一定的体积，则创建的是一个实体。但所选片体的任何缝隙都不能大于指定公差，否则将获得一个片体，而非实体。

执行"插入"|"组合体"|"缝合"命令，或单击"特征操作"工具栏中的"缝合"按钮 📖，打开"缝合"对话框，如图 6.13 所示。该对话框的各主要选项说明见表 6-6。

图 6.13　"缝合"对话框

表 6-6 "缝合"对话框中各选项的含义

| 选 项 | | 含 义 |
|---|---|---|
| 类型 | 图纸页 | 缝合片体 |
| | 实线 | 缝合两个实体 |
| 目标 | 选择片体 | 在类型为"图纸页"时显示，用于选择目标片体 |
| | 选择面 | 在类型为"实线"时显示，用于选择目标实体面 |
| 刀具 | 选择片体 | 在类型为"图纸页"时显示，用于选择要缝合到目标片体的一个或多个工具片体，这些片体应与所选目标片体相连接 |
| | 选择面 | 在类型为"实线"时显示，用于从第二个实体上选择一个或多个工具面，这些面必须和一个或多个目标面重合 |
| 设置 | 输出多个片体 | 仅在类型为"图纸页"时可用，可生成多个缝合体 |
| | 缝合所有实例 | 如果选定体是某个实例阵列的一部分，则缝合整个实例阵列，否则只缝合选择的实例 |

### 6.3.5 加厚

"加厚"命令可将一个或多个相互连接的面或片体加厚为一个实体。加厚效果是通过将选定面沿着其法线方向进行偏置然后创建侧壁而生成的。

在菜单栏执行"插入"|"偏置/缩放"|"加厚"命令，或单击"特征"工具栏中的"加厚"按钮，打开"加厚"对话框，如图 6.14 所示。操作示例如图 6.15 所示，"加厚"结果如图 6.16 所示。"加厚"对话框中各主要选项含义见表 6-7。

图 6.15 "加厚"操作示例

图 6.14 "加厚"对话框

图 6.16 "加厚"结果模型

表 6-7　"加厚"对话框中各主要选项含义

| 选　项 | | 含　义 |
|---|---|---|
| 面 | 选择面 | 选择要加厚的面和片体,所有选定对象必须相互连接 |
| 厚度 | 偏置 1 | 为加厚特征指定一个或两个偏置值,正偏置值应用于加厚方向,该方向由显示的箭头指示。负偏置值应用在负方向上。这两个偏置值相加的结果必须为非零厚度 |
|  | 偏置 2 | 同偏置 1 |
| 显示故障数据 | 显示故障数据 | 如果发生加厚错误,该复选框可用。选中此复选框将识别可能导致加厚操作失败的面 |
| 设置 | 逼近偏置面 | 在计算过程中使用逼近而不是精确定义偏置曲面。这样在其他方法无法完成时可以通过创建加厚特征来实现 |

### 6.3.6　规律曲线

规律曲线是指 $X$、$Y$、$Z$ 坐标值按设定的规则变化的样条曲线。它主要通过改变参数来控制曲线的变换规律。

单击"曲线"工具栏中的"规律曲线"按钮 ，打开"规律函数"对话框,如图 6.17 所示。该对话框中各主要选项含义见表 6-8。

图 6.17　"规律函数"对话框

表 6-8　"规律函数"对话框中各主要选项含义

| 选　项 | | 含　义 |
|---|---|---|
|  | 恒定 | 用于定义某分量为常值,可以给整个规律函数定义一个常数值 |
|  | 线性 | 用于定义一个从起点到终点的线性变化率 |
|  | 三次 | 用于定义一个从起点到终点的三次变化率 |
|  | 沿着脊线的值-线性 | 使用沿着脊线的两个或多个点来定义线性规律函数 |
|  | 沿着脊线的值-三次 | 使用沿着脊线的两个或多个点来定义一个三次规律函数 |
|  | 根据公式 | 使用一个现有表达式及参数表达式变量来定义一个规律。在使用该选项前,需要先在工具表达式中定义表达式或表达式变量 |
|  | 根据规律曲线 | 允许选择一条由光顺连结的曲线组成的线串来定义一个规律函数 |

下面举例介绍通过"根据公式"方式创建规律曲线的操作方法。

(1) 创建表达式。在菜单栏执行"工具"|"表达式"命令,打开"表达式"对话框,如图 6.18 所示。

在对话框的"类型"下拉列表框选择"数字"和"恒定"选项，在"名称"输入框中输入"n"，在"公式"输入框中输入"8"，如图 6.19 所示，单击"应用"按钮，完成"n"表达式的输入。

图 6.18　"表达式"对话框图

图 6.19　输入"n"表达式

按上述类似的方法，依次完成"输入 t 表达式"(图 6.20)，"输入 xt 表达式"(图 6.21)，"输入 yt 表达式"(图 6.22)，"输入 zt 表达式"(图 6.23)，完成表达式输入后的结果如图 6.24 所示。

图 6.20　输入 t 表达式

图 6.21　输入 xt 表达式

图 6.22　输入 yt 表达式

图 6.23　输入 zt 表达式

图 6.24　输入表达式后的结果

(2) 创建 xt 规律曲线。单击"曲线"工具栏中的"规律曲线"按钮，打开"规律函数"对话框，单击"根据方程"按钮，如图 6.25 所示，单击"确定"按钮。系统弹出"规律曲线"对话框，如图 6.26 所示，要求输入定义 x 的参数表达式，单击"确定"按钮。系统弹出"定义 X"对话框，要求输入函数表达式，单击"确定"按钮，完成"xt"规律曲线定义，如图 6.27 所示。

(3) 创建 yt 规律曲线。完成"xt"规律曲线定义之后，打开"规律函数"对话框，单击"根据方程"按钮，如图 6.25 所示，单击"确定"按钮。系统弹出"规律曲线"对话框，如图 6.26 所示，要求输入定义 y 的参数表达式，单击"确定"按钮。系统弹出"定义 Y"

对话框，要求输入函数表达式，单击"确定"按钮，完成"yt"规律曲线定义，如图 6.28 所示。

图 6.25　"规律函数"对话框

图 6.26　定义参数表达式

图 6.27　"定义 X"对话框

图 6.28　"定义 Y"对话框

(4) 创建 zt 规律曲线。完成"yt"规律曲线定义之后，打开"规律函数"对话框，单击"根据方程"按钮，如图 6.25 所示，单击"确定"按钮。系统弹出"规律曲线"对话框，如图 6.26 所示，要求输入定义 z 的参数表达式，单击"确定"按钮。系统弹出"定义 Z"对话框，要求输入函数表达式，单击"确定"，完成"zt"规律曲线定义，如图 6.29 所示。

(5) 完成规律曲线创建。完成"zt"规律曲线定义之后，系统弹出"规律曲线"对话框，如图 6.30 所示，要求指定基点和方位坐标，单击"确定"按钮，完成规律曲线的创建。创建好的规律曲线如图 6.31 所示。

图 6.29　"定义 Z"对话框

图 6.30　"规律曲线"对话框

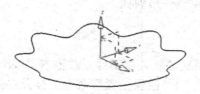

图 6.31　规律曲线的创建

## 6.3.7　管道

管道是指通过沿着一个或多个相切连续的曲线或边扫一个圆形横截面来创建单个实体。用户可以使用此选项来创建线捆、线束、电缆或管道等模型。

在菜单栏中执行"插入"|"扫掠"|"管道"命令，或单击"特征"工具栏中的"管道"按钮，打开"管道"对话框，如图 6.32 所示。

在"管道"对话框中的"路径"选项区域单击"选择曲线"按钮，指定如图 6.33 所示曲线，在"外径"和"内径"文本框内分别输入数值"50"和"30"。单击"确定"按钮，完成管道创建，如图 6.34 所示。

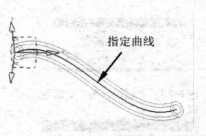

指定曲线

图 6.33　"管道"操作示例

图 6.32　"管道"对话框

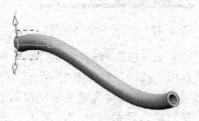

图 6.34　创建的"管道"

　特别提示

　　创建"管道"特征时，选择的曲线可以由多段曲线组成，但必须连续且圆滑，否则系统会提示出错。管道生成时需要设置管道的外径和内径，当内径为零时，生成的为实心管道。

# 6.4　建模操作

　　以电热杯体为例，其建模操作步骤如下。

### 6.4.1　创建杯体截面曲线

　　(1) 创建一个基于模型模板的新公制部件，并输入"jiarebeiti.prt"作为该部件的名称。

　　(2) 在菜单栏执行"格式"|"图层设置"命令，打开"图层设置"对话框，在"工作图层"文本框中输入"21"，设置 21 层为工作层。

　　(3) 在"特征"工具栏中单击"草图"按钮，打开"创建草图"对话框，单击"确定"按钮，以默认的草图平面绘制草图。

　　(4) 在"草图工具"工具栏上单击"椭圆"按钮，打开"椭圆"对话框。以原点为圆心并按照图 6.35 所示进行参数设置绘制一个椭圆。同样在该椭圆的右侧再画一个小椭圆，参数如图 6.36 所示，得到的图形如图 6.37 所示。

　　(5) 在"草图工具"工具栏上单击"约束"按钮，选择小椭圆的圆心和 $X$ 轴，单击 ↑ 按钮约束小椭圆圆心在 $X$ 轴上。选择大椭圆的圆心和基准坐标原点，单击 ╱ 按钮约束大椭圆圆心在坐标原点上。

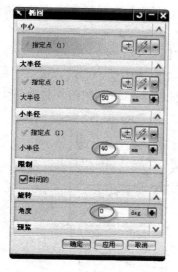

图 6.35　设置椭圆参数

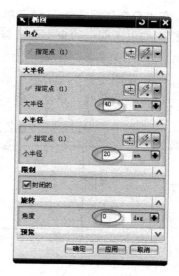

图 6.36　设置小椭圆参数

(6) 如图 6.38 所示，单击大椭圆的左侧拾取椭圆曲线和 $X$ 轴，单击 ⊥ 按钮约束椭圆的旋转角度。用同样的方法约束小椭圆的旋转角度。

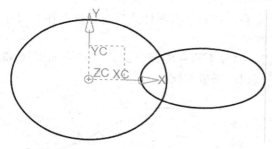

图 6.37　创建的椭圆

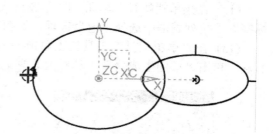

图 6.38　添加"垂直"约束

(7) 在"草图工具"工具栏上单击 按钮，添加尺寸约束，如图 6.39 所示。

(8) 在"草图工具"工具栏上单击 按钮，在弹出的工具栏上单击 按钮，分别捕捉两椭圆上一点和两椭圆上方一点，绘制一个半径为 $R142$ 的圆弧。如图 6.40 所示。

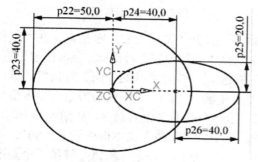

图 6.39　添加尺寸约束

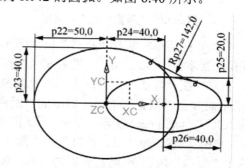

图 6.40　绘制圆弧

(9) 在"草图工具"工具栏上单击"约束"按钮，选择大椭圆和上一步绘制的圆弧，两者为相切约束，同样约束小椭圆与圆弧相切。

(10) 在"草图工具"工具栏上单击 按钮，标注圆弧的半径为 142。

(11) 在"草图工具"工具栏上单击 按钮，选择 X 轴为镜像中心线，选择上一步绘制的圆弧为要镜像的曲线，单击"确定"按钮完成圆弧的镜像操作，如图 6.41 所示。

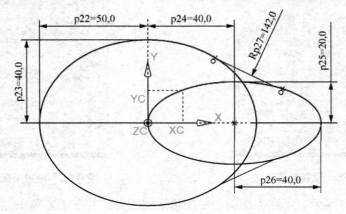

图 6.41　镜像圆弧

(12) 在菜单栏执行"草图" | "草图样式"命令，打开"草图样式"对话框，在"尺寸标签"下拉列表框中选择"值"选项，如图 6.42 所示。

(13) 在"草图工具"工具栏上单击 按钮，删除不需要的部分圆弧，结果如图 6.43 所示。单击"草图生成器"工具栏上的 完成草图 按钮，完成草图。

图 6.42　"草图样式"对话框

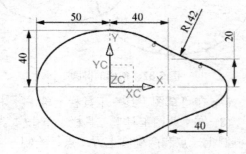

图 6.43　修剪草图结果

(14) 在菜单栏执行"格式" | "图层设置"命令，打开"图层设置"对话框，在"工作图层"文本框中输入"62"，设置 62 层为工作层，关闭"图层设置"对话框，完成图层设置。

(15) 在"特征"工具栏上单击"基准平面"按钮 ，打开"基准平面"对话框，单击 XY 平面并在"偏置"选项区域中的"距离"文本框中输入"80"，"平面的数量"文本框中输入"1"，如图 6.44 所示。单击"应用"按钮完成第一个基准平面的创建，如图 6.45 所示。

(16) 同样，单击 XY 平面并在"偏置"选项区域中的"距离"文本框中输入"80"，再单击"反向"按钮 调整偏置的方向，如图 6.46 所示。单击"确定"按钮完成第二个基准平面的创建，如图 6.47 所示。

(17) 在菜单栏执行"格式" | "图层设置"命令，打开"图层设置"对话框，在"工作图层"文本框中输入"41"，设置 41 层为工作层，关闭"图层设置"对话框，完成图层设置。

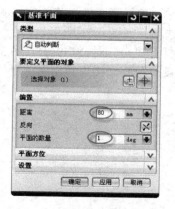

图 6.44　"基准平面"对话框

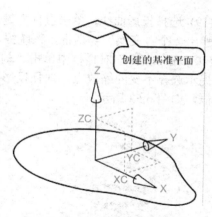

图 6.45　创建基准平面

图 6.46　设置基准平面参数

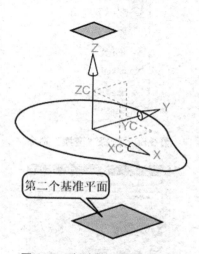

图 6.47　创建第二个基准平面

(18) 在"曲线"工具栏上单击"投影曲线"按钮，打开如图 6.48 所示的"投影曲线"对话框，选择前面创建的草图曲线为要投影的曲线，选择前面创建的第一个基准平面为要投影的对象平面，其余按默认设置。单击"确定"按钮完成曲线的投影操作，如图 6.49 所示。

图 6.48　"投影曲线"对话框

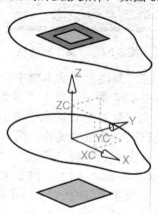

图 6.49　创建投影曲线

(19) 选择投影曲线，单击鼠标右键，弹出快捷菜单，选择"变换"菜单项如图 6.50 所示。弹出一个"变换"对话框，系统提示选择变换的选项，如图 6.51 所示。

(20) 在"变换"对话框中单击"刻度尺"按钮，打开"点"对话框，如图 6.52 所示，系统提示选择不变的缩放点，选择投影曲线中大椭圆弧的圆心，接着弹出另一个"变换"对话框，如图 6.53 所示。

图 6.50　选择"变换"命令

图 6.51　选择"变换"选项

图 6.52　"点"对话框

图 6.53　设置"变换"比例

(21) 在"刻度尺"文本框中输入"0.9"后单击"确定"按钮，又弹出一个"变换"对话框，如图 6.54 所示。单击"复制"按钮完成变换操作，结果如图 6.55 所示。

(22) 在"变换"对话框中单击"取消"按钮，关闭"变换"对话框。隐藏投影得到的曲线，完成第二截面曲线的创建。

(23) 在菜单栏执行"格式"|"图层设置"命令，打开"图层设置"对话框，在"工作图层"文本框中输入"42"，设置 42 层为工作层，关闭"图层设置"对话框，完成图层设置。

(24) 重复步骤(18)~(22)，在第二个基准平面上创建"刻度尺"为 0.6 的截面曲线，如图 6.56 和图 6.57 所示。

(25) 在菜单栏执行"格式"|"图层设置"命令，打开"图层设置"对话框，取消选中

图层 62，使得 62 层为不可见层，如图 6.58 所示，从而隐藏前面创建的两个基准平面。关闭"图层设置"对话框，完成图层设置，至此完成 3 条截面曲线的创建，结果如图 6.59 所示。

图 6.54 "变换"对话框

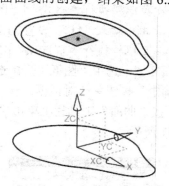

图 6.55 创建的"变换"曲线(1)

图 6.56 设置"变换"比例

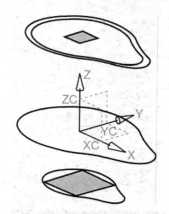

图 6.57 创建的"变换"曲线(2)

图 6.58 "图层设置"对话框

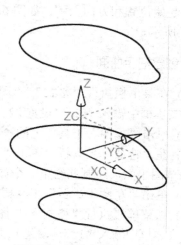

图 6.59 创建的截面曲线(3)

### 6.4.2 创建杯体曲面

(1) 在菜单栏执行"格式"|"图层设置"命令,打开"图层设置"对话框,在"工作图层"文本框中输入"11",设置 11 层为工作层,关闭"图层设置"对话框,完成图层设置。

(2) 在菜单栏执行"首选项"|"建模"命令,打开"建模首选项"对话框,在"体类型"选项区域中选中"图纸页"单选按钮,在此"图纸页"表示"片体",如图 6.60 所示。单击"确定"按钮关闭对话框。

(3) 在"曲面"工具栏上单击"通过曲线组"图标 ,打开"通过曲线组"对话框,如图 6.61 所示。

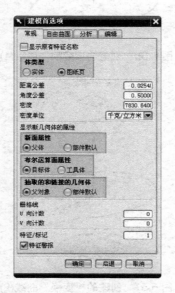

图 6.60 "图层设置"对话框　　　　图 6.61 "通过曲线组"对话框

(4) 设定"曲线规则"为"相切曲线",在对应的位置依次拾取前面创建的 3 个截面曲线。注意每拾取一个曲线单击一次鼠标中键或单击"添加新集"按钮 ,并保持 3 条截面曲线起始位置和方向一致,如图 6.62 所示。单击"确定"按钮完成曲面的创建,结果如图 6.63 所示。

### 6.4.3 创建把手曲面

(1) 在菜单栏执行"格式"|"图层设置"命令,打开"图层设置"对话框,在"工作图层"文本框中输入"22",设置 22 层为工作层,关闭"图层设置"对话框,完成图层设置。

(2) 单击"视图"工具栏上的 按钮,让模型以静态线框显示。

(3) 在"特征"工具栏上单击"草图"按钮,打开"创建草图"对话框,选择 *XC-ZC* 平面为草图平面,绘制并约束一个如图 6.64 所示的椭圆草图。

(4) 单击"草图生成器"工具栏上的 按钮,完成草图。

(5) 在菜单栏执行"格式"|"图层设置"命令,打开"图层设置"对话框,在"工作图层"文本框中输入"12",设置 12 层为工作层,关闭"图层设置"对话框,完成图层设置。

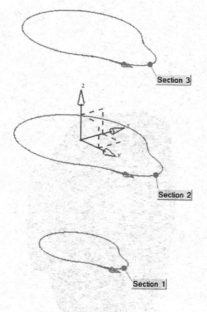

图 6.62　拾取"截面"曲线

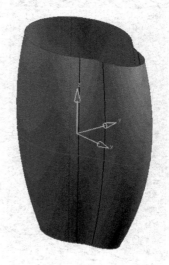

图 6.63　创建的杯体曲面

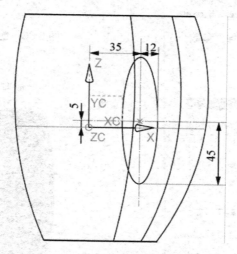

图 6.64　创建把手草图曲线

　　(6) 创建拉伸曲面。在"特征"工具栏上单击"拉伸" ▣ 按钮，选择上一步绘制的草图为拉伸截面，按图 6.65 所示设置参数，单击"确定"按钮完成拉伸曲面操作。单击"视图"工具栏上的 ▣ 按钮，模型以带边着色显示，结果如图 6.66 所示。

　　(7) 修剪通过曲线组曲面。在"曲面"工具栏上单击"修剪的片体"按钮 ▨，打开"修剪的片体"对话框，按图 6.67 所示设置参数，并按照图 6.68 所示选择目标片体和边界对象。单击"应用"按钮完成第一次修剪。

　　(8) 修剪拉伸曲面。按图 6.69 所示设置参数，并按照图 6.70 所示选择目标片体和边界对象。单击"应用"按钮完成拉伸曲面一侧的修剪。

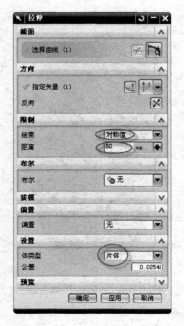

图 6.65 设置"拉伸"参数

图 6.66 创建的"拉伸"曲面

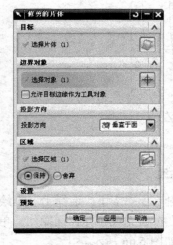

图 6.67 "修剪的片体"对话框

选择目标　　边界对象

图 6.68 选择目标片体和边界对象

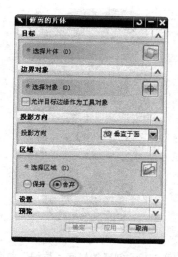

图 6.69　设置相关参数

选择目标　　边界对象

图 6.70　选择目标片体和边界对象

(9) 用同样的方法修剪掉拉伸曲面的另一侧，创建把手曲面轮廓，如图 6.71 所示。

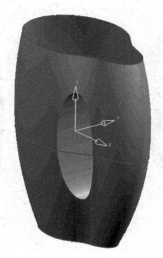

图 6.71　创建的把手曲面

### 6.4.4　创建杯底曲面

(1) 创建杯底拉伸曲面。在"特征"工具栏上单击"拉伸"按钮 ⬛，选择下面的截面曲线向下拉伸 10，如图 6.72 所示，单击"确定"按钮完成拉伸曲面操作，结果如图 6.73 所示。

(2) 在"特征"工具栏上单击"有界平面"按钮 ◲，选择上一步拉伸曲面的底边为平面截面，如图 6.74 所示，单击"确定"按钮完成操作，结果如图 6.75 所示。

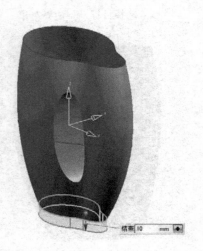

图 6.72　选择拉伸"截面"

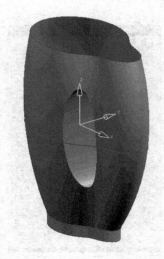

图 6.73　创建的杯底"拉伸"曲面

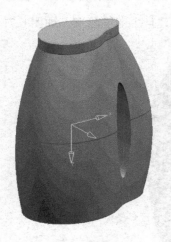

图 6.74　选择杯底曲线

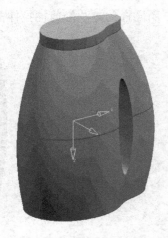

图 6.75　创建的杯底平面

### 6.4.5　创建加热杯实体

(1) 在菜单栏执行"格式"|"图层设置"命令，打开"图层设置"对话框，在"工作图层"文本框中输入"1"，设置 1 层为工作层，同时设置 21、22、41、42、61 和 62 层为不可见，关闭"图层设置"对话框，完成图层设置。

(2) 缝合曲面为片体。在菜单栏执行"插入"|"组合体"|"缝合"命令，或单击"特征操作"工具栏中的"缝合"按钮 📖 ，打开"缝合"对话框，选择上一步创建的平面为目标片体，其余曲面为刀具片体，如图 6.76 所示，单击"确定"按钮完成缝合操作，结果如图 6.77 所示。

(3) 在"特征操作"工具栏上单击"边倒圆"按钮，选择图 6.78 所示的把手两侧边缘，设置倒圆半径为 6，单击"应用"按钮完成边倒圆操作，结果如图 6.79 所示。

图 6.76  选择曲面片体

图 6.77  缝合为一整个片体

图 6.78  选择把手的边

图 6.79  创建把手倒圆面

（4）继续创建"边倒圆"的操作，选择如图 6.80 所示的杯体和杯底的交线为倒圆边，设置倒圆半径为"10"，单击"确定"按钮完成边倒圆操作，如图 6.81 所示。

（5）创建"加厚"特征。在"特征操作"工具栏上单击"加厚"按钮 ，选择杯体曲面，设置厚度为"3"，如图 6.82 所示，单击"应用"按钮完成"加厚"操作，并对片体进行隐藏，在"视图"工具栏单击"着色"按钮 ，结果如图 6.83 所示。

图 6.80  选择杯体和杯底交线

图 6.81  创建杯体和杯底交界边倒圆

图 6.82　"加厚"对话框

图 6.83　"加厚"结果图

(6) 定制"真实着色"工具栏，如图 6.84 所示，使用"真实着色编辑器"，指定材料和背景，创建加热杯体模型，如图 6.3 所示，保存文件。

图 6.84　定制"真实着色"工具栏

## 6.5　拓 展 实 训

(1) 综合应用基本曲线、通过曲线组、拉伸、有界平面、缝合、边倒圆、加厚或抽壳特征创建如图 6.85 所示的普通花瓶模型。

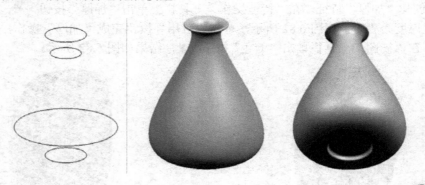

图 6.85　创建普通花瓶模型　　　　　　　　🔵 视频 6.85

(2) 综合应用规律曲线、基本曲线、通过曲线组、有界平面、缝合、边倒圆、加厚特征创建如图 6.86 所示的花瓣花瓶模型。

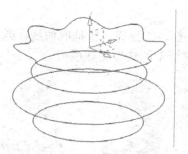

图 6.86　创建花瓣花瓶模型　　　　　　　　　　视频 6.86

## 6.6　任 务 小 结

　　本项目主要介绍了通过曲线组、有界平面、修剪的片体、缝合等曲面创建和编辑命令，掌握通过曲面加厚创建实体的方法。

　　对于一般的简单曲面，可以一次完成曲面的建立。而对于相对复杂的曲面，首先应该通过曲线构造生成主要的或面积大的片体，然后再使用曲面的相应操作进行处理以得到完整的造型。

## 习　　题

1. 选择题

(1) 关于"缝合"的说法，以下哪个选项是不正确的？(　　)

　　A．允许用户把两个或多个片体连接到一起，从而创建一个片体

　　B．如果要缝合的这组片体包围一定的体积，则创建一个实体

　　C．选择的片体不能有大于指定公差的缝隙

　　D．缝合的对象只能是片体，不能是实体

(2) 单击下列哪个按钮可以实现将曲线投影到曲面上？(　　)

　　A．　　　　　B．　　　　　C．　　　　　D．

(3) 关于"通过曲线组"命令的说法错误的是(　　)。

　　A．至少选择两条曲线

　　B．多条封闭曲线形成实体

　　C．选择的线串方向不同得到的曲面或实体也不同

　　D．可以只选择两个点

(4) "管道"的引导线串是(　　)。

　　A．仅连续　　　　　　　　B．仅相切

　　C．圆滑相切连续　　　　　D．必须曲率连续

2. 操作题

按照以下步骤：①样条曲线，②回转特征，③抽壳，④抽取曲线，⑤管道，⑥圆形阵列、边倒圆特征和真实着色，创建如图 6.87 所示的花边花瓶模型。

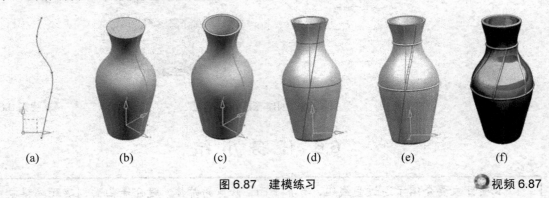

(a)      (b)      (c)      (d)      (e)      (f)

图 6.87　建模练习　　　　　　　　　　　　　　 视频 6.87

# 项目 7

# 五角星体的建模

**学习目标**

通过本项目的学习，熟练掌握正多边形曲线创建、空间直线创建；掌握直纹面、有界平面等指令的应用；能应用曲线功能、直纹、有界平面和抽壳特征等命令，创建五角星体和罩子等模型；能综合应用草图绘制和曲线功能，同步建模，垫块、拉伸和抽壳特征等命令，创建三星头盔模型。

**学习要求**

| 能力目标 | 知识要点 | 权重 |
|---|---|---|
| 能熟练运用曲线功能创建正多边形和空间直线 | 熟悉曲线功能的综合应用方法，熟练掌握操作技巧 | 20% |
| 能应用直纹、有界平面和抽壳特征等指令创建五角星体和罩子等模型 | 掌握直纹命令的基本功能和使用方法 | 40% |
| 能运用同步建模，垫块、拉伸和抽壳特征等指令，创建三星头盔模型 | 了解同步建模，熟悉垫块等功能指令的综合应用方法 | 40% |

**引例**

五角星是指一种有 5 只尖角、并以 5 条直线画成的星星图形，标准五角星中所有线段之间的长度关系都符合黄金分割比。五角星具有"胜利"的含义，被很多国家的军队作为军官的军衔标志使用；五角星的形状给人们权威、公正、公平的印象，在国旗、国徽、商标上，五角星必须是完全精确的；在广告标志、卡通设计等领域，不精确的五角星可以而给人轻松、可爱的感觉，如图 7.1 所示。

| 军徽 | 广告标志 | 公司 LOGO | 盾牌 |

| 五角星帽 | 士兵卡通摄像头 | 头盔 | 汽车标志 |

图 7.1　五角星体实际应用

# 7.1　任 务 导 入

根据如图 7.2 所示的五角星体平面图形和外观造型图建立其三维模型。通过该项目的练习，进一步熟练使用草图和曲线功能绘制产品轮廓曲线、空间直线，掌握使用直纹、有界平面和缝合功能创建一般曲面模型的技能。

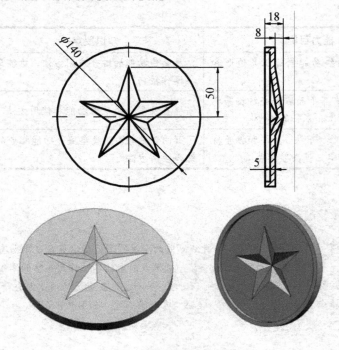

图 7.2　平面图形及三维模型　　　　　　　　　　　▶ 视频 7.2

## 7.2　任 务 分 析

从图 7.2 可以看出，该模型由一个五角星和一个拉伸体组成，首先要应用"曲线"工具栏中的多边形功能画出一个正五边形，然后再应用直线的画法绘制出五角星的各个边，利用直纹和有界平面创建五角星的每个面，利用有界平面和缝合功能将所有封闭的面缝合成为实体，最后应用实体拉伸、求和和抽壳功能完成整个五角星体的创建工作。

## 7.3　任务知识点

### 7.3.1　直纹

"直纹"命令是指通过两组截面线串(大致在同一方向)建立曲面。截面线串可以是曲线、实体边界或实体表面等几何体。其生成特征与截面线串相关联，当截面线串编辑修改后，特征会自动更新。

单击"曲面"工具栏中的"直纹"按钮，打开"直纹"对话框，如图 7.3 所示。对话框中各选项的含义见表 7-1。

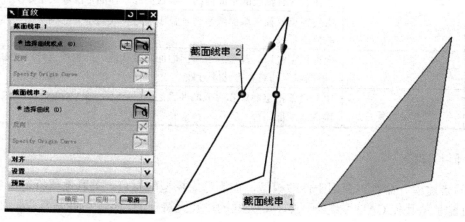

图 7.3　"直纹"对话框及使用方法

表 7-1　"直纹"对话框中各选项的含义

| | 选　　项 | 含　　义 |
|---|---|---|
| 截面线串 | 选择曲线或点 | 只能选两个截面线串。点只能用于"截面线串 1"。当选择了一个截面后，该截面上会出现一个矢量，指示截面方向，该方向取决于用户选择的端点 |
| | 反向 | 反转截面的方向。为了生成光顺的曲面，所选两个截面线串都必须指向相同的方向 |
| | Specify Origin Curve | 选择封闭曲线环时，允许用户更改原点曲线 |

续表

| 选　　项 | | 含　　义 |
|---|---|---|
| 对齐 | 参数 | 沿截面线串以相等的圆弧长参数间隔开等参数曲线连接点。目的是让每个曲线的整个长度完全被等分，此时创建的曲面在等分的间隔点处对齐。若整个截面线上包含直线，则用等弧长的方式间隔点。若包含曲线，则用等角度的方式间隔点 |
| | 圆弧长 | 沿定义曲线将等参数曲线将要通过的点以相等的圆弧长间隔隔开。当组成个截面线串的曲线数目及长度不协调时，可以使用该选项 |
| | 根据点 | 系统沿截面方向放置对齐点和对齐线。可以添加、删除及移动这些点，以保留尖角或细化曲面形状。用于不同形状的截面线的对齐，特别是当截面线有尖角时，应该采用点对齐方式。例如，当出现三角形截面和长方形截面时，由于边数不同，需采用点对齐方式，否则可能导致后续操作错误 |
| | 距离 | 在指定方向上将对齐点沿每条曲线以相等的距离隔开，这样会得到全部位于垂直于指定方向矢量的平面内的等参数曲线。体的范围取决于定义曲线 |
| | 角度 | 在指定轴线周围将对齐点沿每条曲线以相等的角度隔开，这样会得到所有在包含有轴线的平面内的等参数曲线。体的范围取决于定义曲线 |
| | 脊线 | 将对齐点放置在截面线串与垂直于选定脊线的平面的相交处。体的范围取决于脊线 |
| 设置 | 保留形状 | 允许保留锐边，覆盖逼近输出曲面的默认值。此选项只针对"参数"和"根据点"的对齐方法才有效 |
| | G0(位置) | 用来设置指定曲线和生成的曲面之间的公差。在"G0(位置)"文本框中输入公差值即可 |

### 7.3.2　同步建模

"同步建模"命令主要用于修改模型，而不考虑模型的原点、关联性或特征历史记录。模型可能是从其他 CAD 系统导入的、非关联的以及无特征的，或者可能是具有特征的原生 NX 模型。

利用同步建模功能可以实现很多操作，其工具栏如图 7.4 所示，以下介绍的主要命令有：移动面、偏置区域、替换面、调整圆角大小、调整面的大小、删除面、复制面等。

选择"同步建模"命令的方法：执行"插入"|"同步建模"命令，打开下拉菜单的相应命令，或者单击"同步建模"工具栏上的命令。

图 7.4　"同步建模"工具栏

### 1. 移动面

通过此命令可以局部移动实体上的一组表面，甚至是实体上所有表面，并且可以自动识别和重新生成倒圆面，常用于样机模型的快速调整。

执行"插入"|"同步建模"|"移动面"命令，或者单击"同步建模"工具栏上的"移动面"按钮，打开"移动面"对话框，如图 7.5 所示。

操作示例：首先创建一个直径 50，高度 40 的圆柱，顶面边倒圆 R5。执行"插入"|"同步建模"|"移动面"命令，在"移动面"对话框中的"面"选项，选择需要移动的面，如图 7.6 所示；在"变换"选项区域的"运动"下拉列表框内选择"距离"选项，"指定矢量"选项区域选择 Z 轴正向，"距离"文本框输入"10"，单击"确定"按钮，结果如图 7.7 所示。

图 7.5　"移动面"对话框　　　图 7.6　选择面　　　图 7.7　"移动面"操作结果

### 2. 偏置区域

通过此命令可以在单个步骤中偏置一组或一个面，并且可以重新创建圆角，这是一种不考虑模型的特征历史记录而修改模型的快速而直接的方法。

执行"插入"|"同步建模"|"偏置区域"命令，或者单击"同步建模"工具栏上的"偏置区域"按钮，打开"偏置区域"对话框，如图 7.8 所示。

操作示例：执行"插入"|"同步建模"|"偏置区域"命令，在"偏置区域"对话框中的"距离"文本框输入"10"，在图 7.7 所示的模型基础上，选择需要操作的面，如图 7.9 所示；单击"确定"按钮，结果如图 7.10 所示。

### 3. 替换面

通过此命令可以用一表面来替换一组表面，并能重新生成光滑连接的表面。使用此命令可以方便地使两平面一致，还可以用一个简单的面来替换一组复杂的面。

图 7.8 "偏置区域"对话框

图 7.9 选择面

图 7.10 "偏置区域"操作结果

执行"插入"|"同步建模"|"替换面"命令，或者单击"同步建模"工具栏上的"替换面"按钮 ，打开"替换面"对话框，如图 7.11 所示。

操作示例：执行"插入"|"同步建模"|"替换面"命令，在"替换面"对话框中"偏置"选项区域的"距离"文本框输入 0，针对高度不同的两个圆柱顶面，选择需要操作的面，如图 7.12 所示；单击"确定"按钮，低圆柱顶面被高圆柱顶面替换，实现等高，结果如图 7.13 所示。

图 7.11 "替换面"对话框

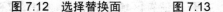

图 7.12 选择替换面

图 7.13 "替换面"操作结果

### 4. 调整圆角大小

通过此命令可以改变圆角面的半径，而不考虑它们的特征历史记录。

执行"插入"|"同步建模"|"调整圆角大小"命令，或者单击"同步建模"工具栏上的"调整圆角大小"按钮 ，打开"调整圆角大小"对话框，如图 7.14 所示。

操作示例：执行"插入"|"同步建模"|"调整圆角大小"命令，在"调整圆角大小"对话框中的"半径"文本框输入"10"，选择原来 $R5$ 的圆角面，如图 7.15 所示；单击"确定"按钮，圆角增大后的结果如图 7.16 所示。

图 7.14　"调整圆角大小"对话框　　图 7.15　选择圆角面　　图 7.16　"调整圆角大小"操作结果

5．调整面的大小

通过此命令可以更改圆柱面或球面的直径，以及锥面的半角，还能重新创建相邻圆角面。

执行"插入"|"同步建模"|"调整面的大小"命令，或者单击"同步建模"工具栏上的"调整面的大小"按钮 ，打开"调整面的大小"对话框，如图 7.17 所示。

操作示例：执行"插入"|"同步建模"|"调整面的大小"命令，选择两个直径分别为 70 和 50 的外圆柱面，如图 7.18 所示，在"调整面的大小"对话框中的"直径"文本框输入 20；单击"确定"按钮，操作结果如图 7.19 所示。

图 7.17　"调整面的大小"对话框　　图 7.18　选择圆柱面　　图 7.19　"调整面的大小"操作结果

6．删除面

此命令用于移除现有体上的一个或多个面。如果选择多个面，那么它们必须属于同一个实体；选择的面必须在没有参数化的实体上，如果存在参数则会提示将移除参数。该命令多用于删除圆角面或实体上的一些特征区域。

执行"插入"|"同步建模"|"删除面"命令，或者单击"同步建模"工具栏上的"删除面"按钮 ，打开"删除面"对话框，如图 7.20 所示。

操作示例：执行"插入"|"同步建模"|"删除面"命令，选择小圆柱孔内圆柱面和底面，如图 7.21 所示，单击"确定"按钮，操作结果如图 7.22 所示。

图 7.20 "删除面"对话框

图 7.21 选择删除面

图 7.22 "删除面"操作结果

**7. 复制面**

"同步建模"工具栏中的"重用"命令可以重新使用部件中的面,并且视情况更改其功能,主要包括"复制面"、"剪切面"、"粘贴面"、"镜像面"和"阵列面"命令。

"复制面"命令可以从体复制面集,保持原面不动。

执行"插入"|"同步建模"|"重用"|"复制面"命令,或者单击"同步建模"工具栏上的"复制面"按钮 📷,打开"复制面"对话框,如图 7.23 所示。

操作示例:在"复制面"对话框的"运动"下拉列表框中选择"距离"选项,"指定矢量"选择 $Z$ 轴正向,在"距离"文本框中输入 20,选择圆角面,"复制面"操作结果如图 7.24 所示。

图 7.23 "复制面"对话框

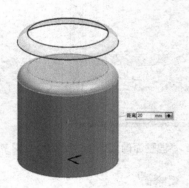

图 7.24 "复制面"操作结果

## 7.4 建 模 操 作

### 7.4.1 五角星体的建模

创建图 7.2 所示五角星体建模,其建模操作步骤如下。

(1) 创建一个基于模型模板的新公制部件,并输入"wujiaoxing.prt"作为该部件的名称。单击"确定"按钮,UG NX 6 会自动启动"建模"应用程序。

(2) 在菜单栏执行"格式"|"图层设置"命令，打开"图层设置"对话框，在"工作图层"文本框中输入"41"，设置 41 层为工作层。

(3) 在"视图"工具栏上单击"顶部"视图按钮，绘图区中坐标发生转换，如图 7.25 所示。

(4) 单击"曲线"工具栏上的"多边形"按钮，打开"多边形"对话框，如图 7.26 所示，在其中"侧面数"文本框中输入"5"，单击"确定"按钮。

图 7.25　"顶部"视图坐标系

图 7.26　"多边形"对话框(1)

(5) 系统弹出另一个"多边形"对话框，如图 7.27 所示，在其中单击"内接半径"按钮，在接着弹出的"多边形"对话框中按图 7.28 所示设置参数，单击"确定"按钮。随后系统弹出如图 7.29 所示的"点"对话框，用于设定正五边形的中心位置，按系统默认设置($XC$、$YC$、$ZC$ 均为 0)，在其中单击"确定"按钮，完成正五边形的创建，结果如图 7.30 所示。

图 7.27　"多边形"对话框(2)

图 7.28　设置多边形参数

图 7.29　"点"对话框

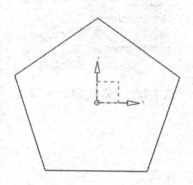

图 7.30　绘制正五边形

(6) 单击"曲线"工具栏上的"基本曲线"按钮，系统弹出"基本曲线"对话框，如图 7.31 所示。单击其中的"直线"按钮，间隔拾取正五边形的顶点绘制如图 7.32 所示的五角星的 5 个角。

图 7.31　"基本曲线"对话框

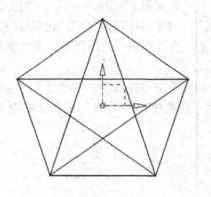

图 7.32　绘制五角星

　　(7) 单击"编辑曲线"工具栏上的"修剪"按钮 ，系统弹出"修剪曲线"对话框，按图 7.33 所示设置选项。选择"要修剪的曲线"和"对象"，如图 7.34 所示，单击"应用"按钮，完成第一条边的修剪，结果如图 7.35 所示。

　　(8) 采取同样的步骤修剪另外 4 条边，隐藏正五边形，最终结果如图 7.36 所示。

图 7.33　"修剪曲线"对话框

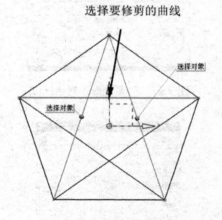

图 7.34　选择相应曲线

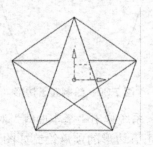

图 7.35　修剪第一条边

图 7.36　修剪其余边

(9) 在"视图"工具栏上单击"正二测视图"按钮，改变视图的显示方式。

(10) 单击"曲线"工具栏上"直线"按钮，系统弹出"直线"对话框，如图 7.37 所示。在"起点"选项区域下面的"选择对象"选项处单击按钮，弹出"点"对话框，如图 7.38 所示，在坐标文本框中分别输入 $XC=0$、$YC=0$、$ZC=8$，单击"确定"按钮绘制出直线的一个端点，另一端捕捉五角星的一个顶点，结果如图 7.39 所示。

图 7.37　"直线"对话框

图 7.38　"点"对话框

(11) 分别捕捉五角星其余顶点和上一步所绘直线的端点，绘制其他直线，结果如图 7.40 所示。

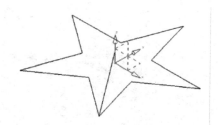

图 7.39　绘制空间直线

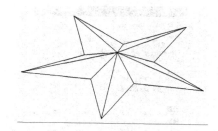

图 7.40　绘制其他直线

(12) 在菜单栏执行"格式"|"图层设置"命令，打开"图层设置"对话框，在"工作图层"文本框中输入"11"，设置 11 层为工作层。

(13) 单击"曲面"工具栏中的"直纹"按钮，绘制如图 7.41 所示的 10 个"直纹"面。

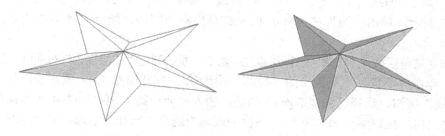

图 7.41　绘制"直纹"面

(14) 单击"特征"工具栏中的"有界平面"按钮 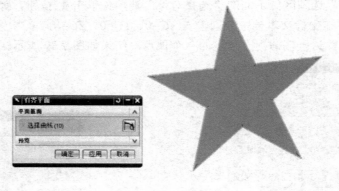 创建五角星平面片体，如图 7.42 所示，具体操作过程略。

图 7.42　创建"有界平面"

(15) 在菜单栏执行"格式"|"图层设置"命令，打开"图层设置"对话框，在"工作图层"文本框中输入"1"，设置 1 层为工作层。

(16) 在菜单栏执行"首选项"|"建模"命令，选择"体类型"为"实体"。执行"插入"|"组合体"|"缝合"命令，或单击"特征操作"工具栏中的"缝合"按钮，打开如图 7.43 所示的"缝合"对话框。缝合上一步创建的 10 个"直纹"面和 1 个"有界平面"，选择其中 1 个面为"目标"，选择其他各面为"刀具"，然后单击"确定"按钮即缝合成为实体，结果如图 7.44 所示。

图 7.43　"缝合"对话框

图 7.44　缝合成实体

(17) 在菜单栏执行"格式"|"图层设置"命令，系统弹出"图层设置"对话框，打开 41 层。

(18) 单击"曲线"工具栏上的"基本曲线"按钮，系统弹出"基本曲线"对话框，如图 7.45 所示，单击"圆"按钮，以坐标系原点为圆心，绘制直径 140 的圆，结果如图 7.46 所示。

(19) 在菜单栏执行"格式"|"图层设置"命令，系统弹出"图层设置"对话框，打开 1 层。

(20) 单击"特征"工具栏中的"拉伸"按钮，打开如图 7.47 所示的对话框。单击"选择曲线"按钮，选择已创建的 φ140 的圆，输入拉伸距离为 10，并单击"方向"选项区域中的"反向"按钮，在"布尔"下拉列表框中选择"求和"选项，最后单击"确定"按钮完成实体拉伸，结果如图 7.48 所示。

图 7.45　"基本曲线"对话框

图 7.46　创建 φ140 的圆

图 7.47　"拉伸"对话框

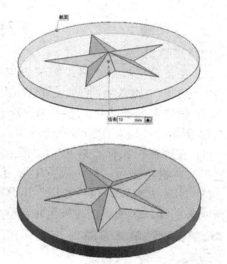

图 7.48　完成拉伸实体

(21) 在"特征操作"工具栏上单击"抽壳"按钮，输入抽壳厚度为"5"。选择要移除的面，单击"确定"按钮完成抽壳操作，如图 7.49 和图 7.50 所示。

图 7.49　"壳单元"对话框

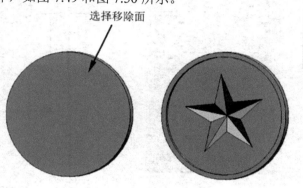

图 7.50　"抽壳"操作

(22) 打开"图层设置"对话框，设置 41、61 层为不可见，并保存文件。

### 7.4.2　三星头盔的建模

项目任务要求：综合应用草图绘制、曲线功能、垫块和同步建模命令创建三星头盔模型，如图 7.51 所示。

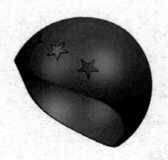

图 7.51　三星头盔模型　　　　　　　　　　　　　🔵 视频 7.51

建模步骤如下。

(1) 在菜单栏执行"格式"|"图层设置"命令，打开"图层设置"对话框，在"工作图层"文本框中输入"21"，设置 21 层为工作层。

(2) 创建草图曲线 1。选择 XC-YC 平面为草图平面，绘制椭圆曲线，各项参数设置如图 7.52 所示，并对草图曲线完全约束，结果如图 7.53 所示。

(3) 在选择栏执行"格式"|"图层设置"命令，打开"图层设置"对话框，在"工作图层"文本框中输入"1"，设置 1 层为工作层。

(4) 回转成实体。在"特征"工具栏上单击"回转"按钮，选择上一步绘制的椭圆曲线为回转曲线，选择 Y 轴为矢量轴，单击"应用"按钮完成回转操作，结果如图 7.54 所示。

图 7.52　椭圆曲线对话框

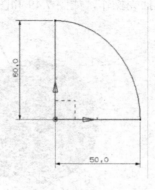

图 7.53　创建草图曲线 1

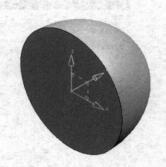

图 7.54　回转成实体

(5) 在菜单栏执行"格式"|"图层设置"命令，打开"图层设置"对话框，在"工作图层"文本框中输入"22"，设置 22 层为工作层。

(6) 创建草图曲线 2。选择 YC-ZC 平面为草图平面，绘制曲线并完全约束，结果如图 7.55 所示。

(7) 在菜单栏执行"格式"|"图层设置"命令，打开"图层设置"对话框，在"工作图层"文本框中输入"1"，设置 1 层为工作层。

(8) 拉伸实体。在"特征"工具栏上单击"拉伸"按钮，选择草图曲线 2 为拉伸截面，设置"对称值"，结束距离为 50，在"布尔"下拉列表框中选择"求差"选项。打开"图层设置"对话框，设置 21、22 层为不可见，操作结果如图 7.56 所示。

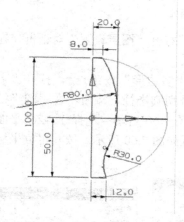

图 7.55  创建草图曲线 2

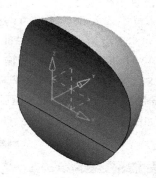

图 7.56  拉伸实体并求差

(9) 偏置区域。执行"插入"|"同步建模"|"偏置区域"命令，打开"偏置区域"对话框，选择面，如图 7.57 所示，操作结果如图 7.58 所示。

(10) 偏置区域。选择"插入"|"同步建模"|"偏置区域"，弹出"偏置区域"对话框，选择面，如图 7.57 所示，操作结果如图 7.58 所示。

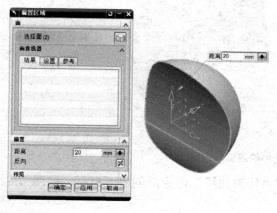

图 7.57  "偏置区域"选择面

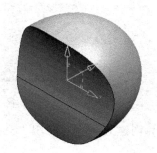

图 7.58  "偏置区域"结果

(11) 抽壳。选择移除面，厚度为 2，完成抽壳操作，如图 7.59 所示。

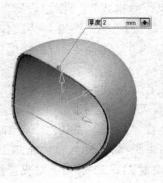

**图 7.59　完成抽壳操作**

(12) 在菜单栏执行"格式" | "图层设置"命令，打开"图层设置"对话框，在"工作图层"文本框中输入 41，设置 41 层为工作层。

(13) 创建正五边形。单击"曲线"工具栏中的"多边形"按钮 ⬡，打开"多边形"对话框，在"侧面数"文本框中输入"5"，单击"外切圆半径"按钮，在"圆半径"文本框中输入 8，在"方位角"文本框中输入"90"，如图 7.60 所示；选择 *YC-ZC* 平面为草图平面，绘制曲线并完全约束，正五边形各项参数设置如图 7.60 所示。按其定位坐标创建正五边形，如图 7.61 所示。

**图 7.60　正五边形参数设置**

**图 7.61　正五边形的定位与创建**

(14) 创建五角星。应用"基本曲线"和"修剪曲线"命令，创建五角星，如图 7.62 所示。

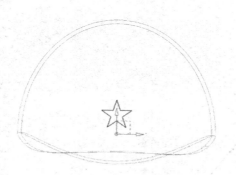

**图 7.62　创建五角星**

(15) 在菜单栏执行"格式"|"图层设置"命令，设置 1 层为工作层。

(16) 创建垫块。单击"特征"工具栏的"垫块"按钮 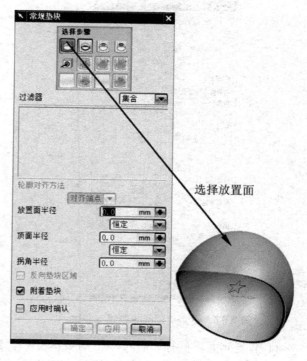，打开"垫块"对话框，如图 7.63 所示，单击"常规"按钮，弹出"常规垫块"对话框。第 1 步，选择"放置面"，如图 7.64 所示；第 2 步，选择"放置面轮廓"为五角星，如图 7.65 所示；第 3 步，在"顶面"下拉列表框中选择"偏置"选项，在"从放置面"文本框中输入"1"，如图 7.66 所示；第 4 步，设置"顶部轮廓线"的"锥角"为"0"，相对于"+ZC 轴"，如图 7.67 所示。创建的垫块如图 7.68 所示。

**图 7.63　"垫块"对话框**

**图 7.64　选择放置面**

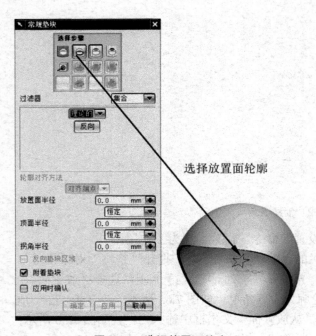

选择放置面轮廓

图 7.65 选择放置面轮廓

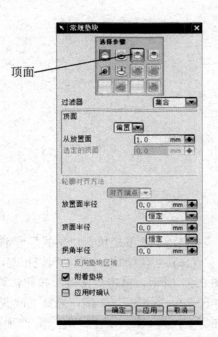

顶面

图 7.66 设置"顶面"参数

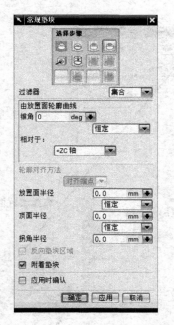

图 7.67 设置"顶部轮廓线"参数

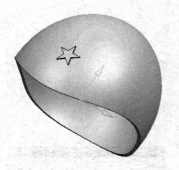

图 7.68 创建垫块

(17) 复制面。执行"插入"|"同步建模"|"重用"|"复制面"命令，打开"复制面"对话框，如图 7.69 所示。"选择面"选择五角星表面，在"变换"选项区域中，"运动"下拉列表框选择"角度"选项，"指定矢量"选项选择"YC 轴"，在"角度"文本框中输入"25"，如图 7.69 所示，复制面 1 的操作结果如图 7.70 所示。重复上一步操作，"角度"设置为"−25"，复制面 2 的操作结果如图 7.71 所示。

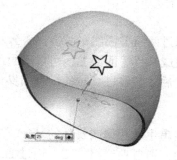

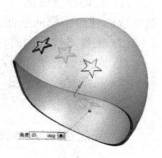

图 7.69　设置"顶部轮廓线"参数　　　图 7.70　复制面(1)　　　图 7.71　复制面(2)

(18) 着色处理。执行"编辑"|"对象显示"命令，选择帽子和五角星表面，分别设置不同颜色，创建三星头盔模型，如图 7.51 所示。

## 7.5　拓　展　实　训

综合应用基本曲线、直纹、边倒圆和抽壳特征创建如图 7.71 所示的罩子模型。

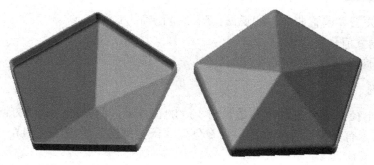

图 7.72　罩子模型　　　　　　　　　　　🔘 视频 7.72

## 7.6　任　务　小　结

本项目进一步介绍了运用草图和曲线功能绘制产品轮廓曲线和空间直线画法，了解同步建模的基本功能和应用场合，重点掌握"直纹"命令、"有界平面"和"缝合"功能创建一般曲面模型的技能。在创建"直纹"面时，要注意截面线串的方向要大致相同，否则就会形成交叉曲面。

# 习 题

## 1. 判断题

(1) 在创建直纹面时，选择截面线串 1 后，不需要单击鼠标中键，直接选择截面线串 2
就可以创建一个空间平面。                                                          （    ）

(2) 创建直纹曲面时，通过两组截面线串的方向大致相同。                            （    ）

(3) 创建有界平面时，组成有界平面的曲线可以不封闭。                              （    ）

(4) 只能先绘制草图，然后才能够进行拉伸命令的操作。                              （    ）

## 2. 选择题

(1) 只能通过两条截面线串生成片体或实体的是(    )。

    A．直纹        B．通过曲线组    C．通过曲线网格 D．已扫掠

(2) 下图中的片体是通过哪个命令一步实现的？(    )

    A．偏置面        B．偏置曲面        C．扩大曲面        D．抽取曲面

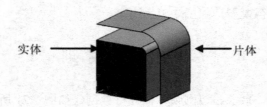

实体 ←          → 片体

(3) 下列关于"偏置曲面"的说法，哪个是正确的？(    )

    A．偏置值只能为正                B．方向可以取反向

    C．偏置对象只能是实体表面        D．偏置对象只能是片体

## 3. 操作题

(1) 创建半径为 $R30$ 的圆形和边长为 100 的正方形，两图形在 $Z$ 轴方向的距离为 50，
运用"直纹"、"有界平面"、"加厚"命令创建"天方地圆"模型(壁厚 1)，如图 7.73 所示。

图 7.73　建模练习(1)　　　　　　　　　　　　　　　　　　　　　　🔴视频 7.73

(2) 运用"直纹"命令创建模型，如图 7.74 所示。

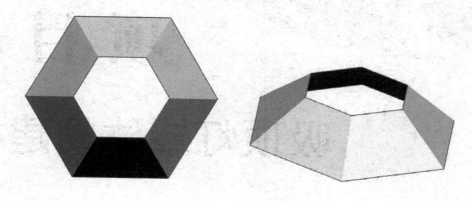

图 7.74　建模练习(2)

视频 7.74

# 项目 8

# 吸顶灯罩体的建模

## 学习目标

通过本项目的学习，掌握通过曲线网格创建曲面的方法；能综合应用草图绘制、曲线创建、扫掠、曲线网格、直纹、修剪体、缝合、求和、实体拉伸和抽壳等功能指令，完成吸顶灯罩体模型的创建。

## 学习要求

| 能力目标 | 知识要点 | 权重 |
|---|---|---|
| 能熟练应用草图绘制和曲线创建的操作技能 | 掌握草图绘制和曲线创建的综合应用方法 | 20% |
| 能运用通过曲线网格、扫掠、直纹等命令创建曲面 | 熟悉通过曲线网格、扫掠、直纹等创建曲面的方法 | 40% |
| 能综合运用曲线、曲面、实体建模和操作命令完成吸顶灯罩体模型的创建 | 掌握曲线创建、曲面建模、实体建模、修剪体和缝合等功能指令的综合应用 | 40% |

## 引例

吸顶灯的常用类型有方罩吸顶灯、圆球吸顶灯、尖扁圆吸顶灯、半圆球吸顶灯、半扁球吸顶灯、长方形吸顶灯和各种花色造型吸顶灯等；灯罩材质多为亚克力，也有用磨砂玻璃的；吸顶灯可直接装在天花板上，安装简易，款式简单大方，光线分布比较均匀而且相对柔和，赋予空间清朗明快的感觉，如图 8.1 所示。

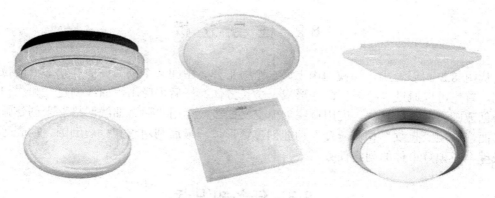

图 8.1　吸顶灯实际应用

# 8.1　任　务　导　入

根据图 8.2 所示的吸顶灯罩体外形尺寸和外观造型图建立其三维模型。通过该项目的练习，进一步掌握使用草图功能和曲线功能创建产品轮廓曲线的方法，使用"直纹"、"通过曲线网格"、"扫掠"、"修剪体"和"缝合"等命令创建一般曲面模型的技能。

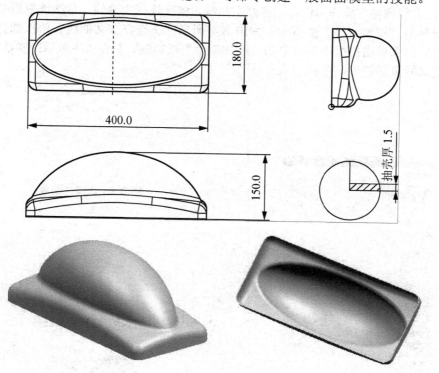

图 8.2　吸顶灯罩体平面图形及三维模型　　　　🔴 视频 8.2

# 8.2 任 务 分 析

从图 8.2 可以看出，该模型由上面一个弧形体、中间一个圆弧曲面和底部一个拉伸体组成。首先可以通过"拉伸"命令形成一个长方体；然后再应用"曲线创建"和"扫掠"命令创建圆弧曲面；其次，应用草图创建交叉曲线，运用"通过曲线网格"来创建弧形体外形面，利用"直纹"和"缝合"功能创建弧形体，最后利用求和、边倒圆、抽壳等功能完成整个吸顶灯罩体的创建任务。

# 8.3 任务知识点

## 8.3.1 通过曲线网格

"通过曲线网格"命令是通过主曲线和交叉曲线建立曲面。这些曲线串可以是曲线和实体边界等。其生成特征与曲线串相关联，当曲线串编辑修改后，特征会自动更新。

执行"插入" | "网格曲面" | "通过曲线网格"命令，或者单击"曲面"工具栏中的"通过曲线网格"按钮，打开"通过曲线网格"对话框，如图 8.3 所示，其中各选项含义见表 8-1。

"通过曲线网格"操作示例：①选择主曲线。依次选择主曲线，每次选取后都应单击鼠标中键或单击"添加新集"按钮，如图 8.4 所示；②选择交叉曲线。依次选择主曲线，每次选取后都应单击鼠标中键或单击"添加新集"按钮，如图 8.5 所示；③单击"确定"按钮，完成效果如图 8.6 所示。

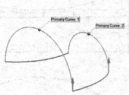

图 8.4 选择主曲线

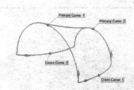

图 8.5 选择交叉曲线

图 8.3 "通过曲线网格"对话框

图 8.6 "通过曲线网格"示例效果

表 8-1    "通过曲线网格"对话框中的各选项含义

| 选  项 | | 意  义 |
|---|---|---|
| 主曲线(交叉曲线) | 选择曲线或点 | 选择曲线串或点 |
| | 反向 | 反转各个曲线串的方向 |
| | Specify Origin Curve | 选择封闭曲线环时，允许用户更改原点曲线 |
| | 添加新集 | 将当前曲线添加到模型中并创建一个新的曲线。还可以在选择曲线时，通过单击鼠标中键来添加新集 |
| | 列表 | 向模型中添加线串集时，列出这些线串集。可以通过重排序或删除线串来修改截面线串集 |
| 连续性 | 应用于全部 | 将相同的连续性应用于第一个和最后一个主(交叉)线串。选中此复选框并选择连续性设置时，UG NX 6 将把更改应用于这两个设置 |
| | 第一主(交叉)线串和最后主(交叉)线串 | 从每个列表中为模型选择相应的 G0、G1 或 G2 连续性 |
| | 选择面 | 分别选择一个或多个面作为约束曲面在第一主(交叉)和最后主(交叉)线串处与创建的"通过曲线网格"曲面保持相应的连续性 |
| 输出曲面选项 | 着重 | 两者皆是：主线串和交叉线串有同样的效果。主要：主线串更有影响。横向：交叉线串更有影响 |
| | 构造 | 正常：使用标准步骤建立曲线曲面。与其他"构造"的选项相比，使用此选项将以更多数目的补片来创建体或曲面。<br>样条点：允许用户通过为输入曲线使用点和这些点处的斜率值来创建体。对于此选项，选择的曲线必须是有相同数目定义点的单根 B 曲线。<br>简单：建立尽可能简单的曲线网格曲面。带有约束的简单曲面尽可能避免插入额外的数学成分，从而减少曲率的突然变化。简单曲面还使曲面中的补片数和边界杂质最小化 |
| 设置 | 重新构造 | 通过重新定义主曲线和交叉曲线的阶次和(或)段数，构造一个高质量的曲面。尽管这些线串可能表示一种希望的形状，但是如果它们的结点位置很糟糕，或者这些线串之间的阶次不同，则输出曲面可能比所需的复杂，或者等参数线可能弯曲过头。这会使高亮显示不正确，且会妨碍曲面间的连续性。<br>无：关闭"重新构造"。手工：使用指定的阶次重新构建曲面。高级：在所需的公差内创建尽可能光顺的曲面 |
| | 阶次 | 指定多补片曲面的阶次 |

 **特别提示**

执行"通过曲线网格"命令时必须按顺序选择主线串和交叉线串，从体的一侧移动到另一侧，方向应保持一致。

"输出曲面选项"用于指定生成的体通过主线串或交叉线串，或者这两个线串的平均线串。此选项只在主线串和交叉线串对不相交时才适用。

### 8.3.2 扫掠

"扫掠"命令是通过若干条截面曲线串，沿引导线串所定义的路径，通过扫描方式创建曲面。截面曲线和引导曲线可以是曲线和实体边界等，其生成特征与曲线串相关联，当曲线串编辑修改后，特征会自动更新。

执行"插入"|"扫掠"|"扫掠"命令，或者单击"曲面"工具栏中的"扫掠"按钮 ，打开"扫掠"对话框，如图 8.7 所示。操作示例如图 8.8 所示，"扫掠"操作效果如图 8.9 所示。

图 8.7　"扫掠"对话框

图 8.8　"扫掠"操作示例

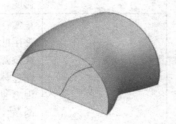

图 8.9　"扫掠"操作效果

#### 1. 截面

"截面"选项区域中各选项的含义见表 8-2。

表 8-2　"截面"选项区域中各选项含义

| 选　　项 | 含　　义 |
| --- | --- |
| 选择曲线 | 选择截面线串 |
| 反向 | 反转各个截面线串的方向 |
| Specify Origin Curve | 选择封闭曲线环时，允许用户更改原点曲线 |
| 添加新集 | 将当前曲线添加到模型中并创建一个新的曲线。还可以在选择曲线时，通过单击鼠标中键来添加新集 |
| 列表 | 向模型中添加线串集时，列出这些线串集。可以通过重排序或删除线串来修改截面线串集 |

2. 引导线(最多 3 根)

"引导线(最多 3 根)"选项区域中各选项的含义见表 8-3。

表 8-3 "引导线(最多 3 根)"选项区域中各选项含义

| 选 项 | 含 义 |
|---|---|
| 选择曲线 | 选择引导线串 |
| 反向 | 反转各个引导线串的方向 |
| Specify Origin Curve | 选择封闭曲线环时,允许用户更改原点曲线 |
| 添加新集 | 将当前曲线添加到模型中并创建一个新的曲线。还可以在选择曲线时,通过单击鼠标中键来添加新集 |
| 列表 | 向模型中添加线串集时,列出这些线串集。可以通过重排序或删除线串来修改引导线串集 |

3. 脊线

使用脊线可以控制截面线串的方位,并避免在导线上不均匀分布参数导致的变形。
选择曲线:选择一条曲线作为脊线。

4. 截面选项

该部分内容随着截面线串和引导线串的数量不同而变化,如图 8.10 和图 8.11 所示。

图 8.10 截面线串为一条时

图 8.11 截面线串为多条时

(1) 截面位置:仅有一个截面线串时出现该选项。

① 沿引导线任何位置:当截面位于引导线的中间位置时,使用此选项将沿引导线的两个方向上进行扫掠。

② 引导线末端:沿引导线从截面开始仅在一个方向进行扫掠。

(2) 对齐方法:截面线串为一条或多条时可用选项不同。

① 参数:沿定义曲线将等参数曲线所通过的点以相等的参数间隔隔开。

② 圆弧长:沿定义曲线将等参数曲线将要通过的点以相等的圆弧长间隔隔开。

③ 根据点:将不同外形的截面线串之间的点对齐。如果截面线串包含任何尖角,建议选择"根据点"命令保留它们。当截面线串为一条时没有该选项。

(3) 对于两条引导线，仅有以下选项可用。

① 均匀：在横向和竖直两个方向比例缩放截面线串。

② 横向：仅在横向比例缩放截面线串。

图 8.12　定位方法选项

(4) 定位方法：在扫掠曲面只有一条引导线串时，用"定位方法"参数来控制曲面的方位。因为引导线只有一条，当截面线串沿引导线串扫描时，可以是简单的平移，也可以在平移的同时进行旋转，所以只需要一个参数来控制曲面的方位。方位控制有 7 种方法，如图 8.12 所示。

① 固定：在截面线串沿着引导线移动时保持固定的方位，并且结果是平行的或平移的简单扫掠。

② 面的法向：局部坐标系的 $Y$ 方向与一个或多个沿着引导线每一点指定公有基面的法矢一致。这样将约束截面线串保持和基面的固定联系。

③ 矢量方向：截面线串方位变化的局部坐标系 $Y$ 方向与用户在整个引导线串长度上所选矢量方向相同。

④ 另一条曲线：截面线串方位变化的局部坐标系 $Y$ 方向由导引线串和所选曲线各对应点之间的连线的方向来控制。

⑤ 一个点：截面线串方位中一个端点固定在选定点位置，另一个端点沿导引线移动。

⑥ 角度规律：通过设定角度变化规律来控制扫描面相对于截面线串的转动。该选项仅可用于一个截面线串的扫掠。

⑦ 强制方向：与"矢量方向"方式基本相同，遇到小曲率的导引线串时可以防止自相交现象的产生。

(5) 缩放方法：对于一条导引线时，有以下选项可用。

① 恒定：指定沿整条引导线保持恒定的比例因子。

② 倒圆功能：在指定的起始和终止比例因子之间按照线性或三次比例插值，那些起始比例因子和终止比例因子对应于引导线串的起点和终点。

③ 另一条曲线：类似于方位控制中的"另一条曲线"方式，但是此处在任意给定点的比例是以引导线串和其他的曲线或实边之间的划线长度为基础的。

④ 一个点：和"另一条曲线"方式相同，但是使用点而不是曲线。选择此种形式的比例控制的同时还可以(在构造三面扫掠时)使用同一个点作方位控制。

⑤ 面积规律：允许用户使用规律子函数控制扫掠体的交叉截面面积。

⑥ 周长规律：类似于"面积规律"方式，不同的是，用户控制扫掠体的横截面的周长，而不是它的面积。

### 8.3.3　N 边曲面

"N 边曲面"命令通过选取一组封闭的曲线或边创建曲面。

单击"曲面"工具栏中的"N 边曲面"按钮 ，打开"N 边曲面"对话框，如图 8.13 所示，操作示例如图 8.14 所示。

图 8.13　"N 边曲面"对话框

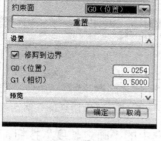

图 8.14　"N 边曲面"操作示例

选择封闭曲线（边）

已修剪

三角形

"N 边曲面"对话框中各选项的含义见表 8-4。

表 8-4　"N 边曲面"对话框中各选项的含义

| 选　项 | | 意　义 |
|---|---|---|
| 类型 | 已修剪 | 根据所选的边界区域建立单一曲面 |
| | 三角形 | 根据所选的边界区域，建成多个相交于一点的三角形面 |
| 外部环 | | 用于指定由曲线或边组成的封闭环作为 N 边曲面的边界 |
| 约束面 | | 用于指定施加斜率和曲率约束的面。利用该选项使 N 边曲面的位置、斜率和曲率与选定的面自动地相匹配 |
| UV 方位 | | 分别利用脊线、矢量方向和面积区域控制 N 边曲面特征的形状 |
| 形状控制 | | 通过调整中心控制、流路方向、约束面的设置控制 N 边曲面的形状 |

### 8.3.4　延伸曲面

"延伸"命令是将曲面向某个方向延伸，主要用于扩大曲面片体，通常采用近似的方法建立。

单击"曲面"工具栏中的"延伸"按钮，打开"延伸"对话框，如图 8.15 所示。"延伸"对话框中各选项的含义见表 8-5。

表 8-5    "延伸"对话框中各选项的含义

| 选　　项 | 意　　义 |
| --- | --- |
| 相切的 | 延伸曲面与一个已有面在边界上具有相同的切平面 |
| 垂直于曲面 | 在曲面的一条曲线上沿着与曲面垂直的方向延伸，延伸长度为延伸方向测量值，如果为负，则向相反方向延伸 |
| 有角度的 | 沿与曲面呈一个角度的方向延伸，得到延伸曲面 |
| 圆形 | 沿着光滑曲面的边界，以所在边界的曲率半径构成的圆弧延伸，延伸长度为正 |

单击"延伸"对话框中的"相切的"按钮，打开"相切延伸"对话框，如图 8.16 所示。

图 8.15    "延伸"对话框                 图 8.16    "相切延伸"对话框

"相切延伸"操作示例：①单击"相切延伸"对话框中的"固定长度"按钮，系统弹出"固定的延伸"基面对话框，选择基面，如图 8.17 所示；②系统弹出"固定的延伸"基线对话框，选取基线，如图 8.18 所示；③系统弹出"相切延伸"长度输入对话框，输入"10"，单击"确定"按钮，即可生成所需的曲面，如图 8.19 所示。

图 8.17  选择基面

图 8.18    选择基线

图 8.19    创建"相切延伸"曲面

### 8.3.5　偏置曲面

"偏置曲面"命令用于创建原有曲面的偏置曲面，即沿指定平面的法向偏置来生成用户所需的曲面。其主要用于从一个或多个已有的面生成曲面。

执行"插入" | "偏置/缩放" | "偏置曲面"命令，或者单击"曲面"工具栏中的"偏置曲面"按钮，打开"偏置曲面"对话框，如图 8.20 所示。

操作示例如图 8.21 所示。

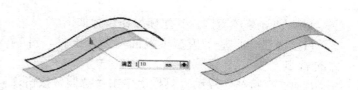

图 8.20　"偏置曲面"对话框　　　　　　图 8.21　"偏置曲面"操作示例

### 8.3.6　桥接曲面

"桥接"命令用于在两个曲面建立过渡曲面。过渡曲面与两个曲面之间的连接可以采用相切连续或曲率连续两种方式。桥接曲面简单方便，曲面光滑过渡，边界约束自由，是曲面过渡的常用方式。

单击"曲面"工具栏中的"桥接"按钮，打开"桥接"对话框，如图 8.22 所示，对话框中各选项的含义见表 8-6。操作示例如图 8.23 所示。

表 8-6　"桥接"对话框中各选项的含义

| 选　项 | | 意　义 |
|---|---|---|
| 选择步骤 | 主面 | 用于选择两个主面。指定两个需要连接的表面，选择表面上不同的边缘和拐角，显示不同的箭头方向，这箭头的方向表示片体生成的方向 |
| | 侧面 | 用于指定侧面。指定一个或两个侧面作为生成片体时的引导侧面，系统依据引导侧面的限制而生成片体的外形 |
| | 第一侧面线串 | 指定曲线或边缘，作为生成片体时的引导线，以决定连接片体的外形 |
| | 第二侧面线串 | 指定另一条曲线或边缘，与第一侧面线串相配合，以决定连接片体的外形 |
| 连续类型 | 相切 | 沿原来表面的切线方向和另一个表面连接 |
| | 曲率 | 沿原来表面圆弧曲率半径与另一个表面连接，同时保证相切的特性 |

图 8.22  "桥接"对话框

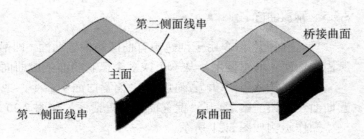

图 8.23  "桥接"曲面操作示例

## 8.4  建 模 操 作

以吸顶灯罩体为例，其建模操作步骤如下。

(1) 创建一个基于模型模板的新公制部件，并输入"xidingdengzhao.prt"作为该部件的名称。

(2) 在"特征"浮动工具栏上单击"拉伸"按钮 █，在弹出的"拉伸"对话框中单击"绘制截面"按钮 █，如图 8.24 所示；进入草图绘制界面，如图 8.25 所示；绘制完草图之后，单击"完成草图"按钮 ▓ 完成草图，进入如图 8.24 所示的拉伸界面，输入拉伸距离为 80，最后单击"确定"按钮完成实体拉伸操作，如图 8.26 所示。

(3) 单击"曲线"工具栏上的"椭圆"按钮 ⊙，椭圆的中心坐标 XC、YC、ZC 均为 0，其他参数的设置如图 8.27 所示。

图 8.24  "拉伸"对话框

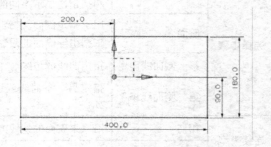

图 8.25  绘制草图曲线

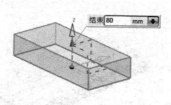

图 8.26　拉伸的实体

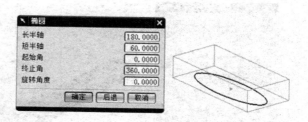

图 8.27　设置椭圆参数

(4) 单击"特征"工具栏上的"草图"按钮，选择 *XC-ZC* 平面，绘制如图 8.28 所示的草图。

(5) 单击"特征"工具栏上的"草图"按钮，选择 *YC-ZC* 平面，绘制如图 8.29 所示的草图。

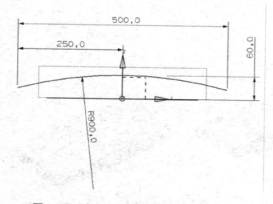

图 8.28　在 *XC-ZC* 平面绘制草图曲线

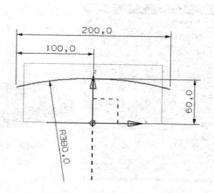

图 8.29　在 *YC-ZC* 平面绘制草图曲线

(6) 单击"曲面"工具栏上的"扫掠"按钮，打开"扫掠"对话框，选择截面线和引导线，单击"确定"按钮完成"扫掠"操作，如图 8.30 所示。

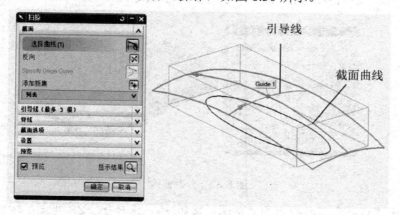

图 8.30　创建"扫掠"曲面

(7) 单击"特征操作"工具栏上的"修剪体"按钮，选择目标体和刀具体，单击"确定"按钮完成修剪体操作过程，如图 8.31 所示。

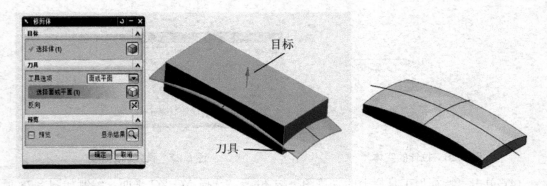

图 8.31　"修剪体"操作

(8) 在"曲线"工具栏上单击"投影曲线"按钮，打开"投影曲线"对话框，然后根据如图 8.32 所示的步骤，生成投影曲线。

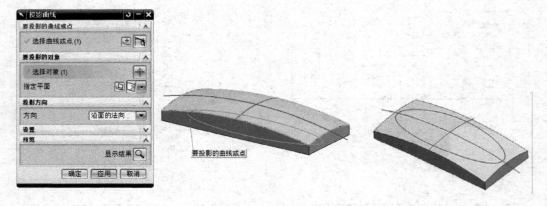

图 8.32　创建投影曲线

(9) 首先隐藏一部分特征，在菜单栏中执行"编辑"|"曲线"|"分割"命令，打开"分割曲线"对话框，然后按照如图 8.33 所示的步骤进行操作。

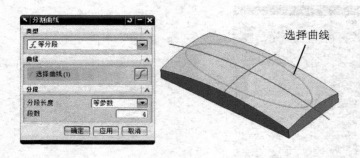

图 8.33　分割曲线

(10) 单击"特征"工具栏上的"草图"按钮，选择 YC-ZC 平面，运用画圆弧、镜像等工具绘制草图并完全约束，如图 8.34 所示。

(11) 单击"曲线"工具栏上的"圆弧/圆"按钮，选择"三点画圆弧"的方法，捕捉三个线段的端点，绘制如图 8.35 所示的圆弧曲线。

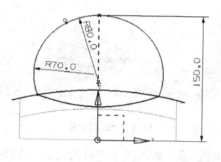

图 8.34　绘制草图曲线

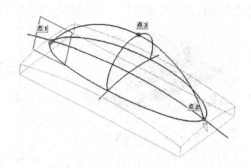

图 8.35　绘制圆弧曲线

(12) 执行"插入"|"网格曲面"|"通过曲线网格"命令(或者单击"曲面"工具栏中的"通过曲线网格"按钮），打开"通过曲线网格"对话框，按如图 8.36 所示的步骤创建网格曲面。

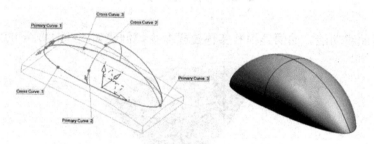

图 8.36　通过"通过曲线网格"命令创建曲面

(13) 单击"曲面"工具栏中的"直纹"按钮，进入"直纹"对话框，选择截面线串 1 和截面线串 2，单击"确定"按钮完成"直纹"面的创建工作，如图 8.37 所示。

(14) 单击"特征操作"工具栏中的"缝合"按钮，进入"缝合"对话框，选择目标片体和刀具片体，单击"确定"按钮完成缝合，创建实体，如图 8.38 所示。

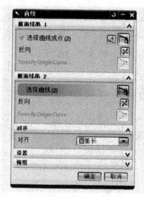
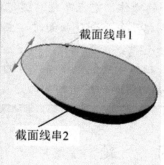

图 8.37　创建直纹面

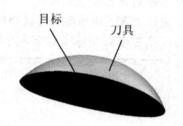

图 8.38　通过"缝合"命令创建实体

(15) 在"特征操作"工具栏上单击"求和"按钮，打开"求和"对话框，选择目标体和刀具体，单击"确定"按钮完成求和操作，如图 8.39 所示。

(16) 在"特征操作"工具栏上单击"边倒圆"按钮，选择吸顶灯罩的边缘，单击"应用"按钮完成倒圆操作，结果如图 8.40 所示。

图 8.39 求和操作

图 8.40 创建边倒圆操作

(17) 在"特征操作"工具栏上单击"抽壳"按钮，输入抽壳厚度为 1.5，选择要移除的面，单击"确定"按钮完成抽壳操作，如图 8.2 所示。

(18) 保存文件。

## 8.5 拓 展 实 训

综合应用曲线功能、曲面建模和实体建模命令，创建如图 8.41 所示的元宝模型。

图 8.41 元宝模型 ⬤视频 8.41

## 8.6 任 务 小 结

　　通过本项目的学习，应进一步掌握使用草图功能绘制产品轮廓曲线、三维空间中的直线、"扫掠"、"缝合"和"直纹"命令的操作，重点掌握"通过曲线网格"命令创建一般曲面模型的技能。在用"通过曲线网格"命令创建曲面时，主曲线和交叉曲线必须相交，否则就无法创建曲面。

　　直纹、通过曲线组、通过曲线网格、扫掠等功能是根据已有的曲线创建曲面；延伸曲面、偏置曲面和桥接曲面等是根据已有的曲面创建新的曲面。

## 习　　题

1. 选择题

(1) "已扫掠"命令的引导线串最多是(　　)。

　　A. 1 条　　　　　　B. 2 条　　　　　C. 3 条　　　　　D. 4 条

(2) 关于"通过曲线组"命令的说法错误的是(　　)。

    A．至少选择两条曲线

    B．多条封闭曲线形成实体

    C．选择的线串方向不同得到的曲面或实体也不同

    D．可以只选择两个点

(3) 以下哪个选项中的曲线不能利用"通过曲线网格"命令将其转为曲面?(　　)

    A.　　　　　　　　　　　　　　　　　　B.

    C.　　　　　　　　　　　　　　　　　　D.

(4) "桥接"曲面的连续类型不能是(　　)。

    A．位置　　　　　　　　B．相切　　　　　　　　C．曲率

(5) "桥接"曲面的哪个选项必须得有(　　)。

    A．主面　　　　　　　　　　B．侧面

    C．第一侧面线串　　　　　　D．第二侧面线串

(6) 下列关于"偏置曲面"命令的说法,哪个是正确的?(　　)

    A．偏置值只能为正　　　　　B．方向可以取反向

    C．偏置对象只能是实体表面　D．偏置对象只能是片体

(7) "通过曲线网格"操作时必须有主曲线和交叉曲线,其中主曲线不可以是(　　)。

    A．一个点　　　　　　　　　B．两个点

    C．一个点和一条曲线　　　　D．两条曲线

    E．多条曲线

2．操作题

(1) 利用曲面命令,根据线架构创建曲面,并将其合并成为实体,如图 8.42 所示。

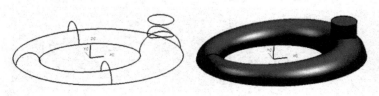

图 8.42　曲面练习题图(1)　　　　　　　　　　　　　　视频 8.42

(2) 综合应用曲线功能、曲面建模和实体建模命令,创建如图 8.43 所示的水壶模型。

图 8.43　曲面练习题图(2)　　　　　　　　　　　　　　视频 8.43

# 模块三

## 机械零件的工程制图

# 项目 9

# 叉架工程制图

## 学习目标

通过本项目的学习，了解 UG NX 6 制图模块的基本功能及应用，熟悉工程图管理、视图操作、工程图标注的基本操作方法，能运用制图模块功能，完成零件的工程制图及标注。

## 学习要求

| 能力目标 | 知识要点 | 权重 |
|---|---|---|
| 进入工程图工作界面，能在三维模型基础上创建二维工程图 | 了解 UG 工程制图相关参数预设置，熟悉工程图创建与编辑等基本操作 | 20% |
| 能进行基本视图、简单剖视图、半剖视图、局部剖视图等视图的基本操作 | 掌握视图的操作和编辑功能，通过创建各种视图清楚地表达三维模型 | 30% |
| 能完成叉架等零件工程图的尺寸、形位公差、表面粗糙度和文本注释等工程图标注 | 熟悉对视图添加尺寸标注、符号和各种注释等操作，掌握工程图的正确标注方法 | 50% |

## 引例

UG 工程图模板的建立为 UG 软件应用于工装设计的生产实践提供了可能。UG 的工程图从根本上来说，跟 AutoCAD 有很大的区别。由于 UG 的工程图是基于 UG 实体建模的模块，因此，工程图与三维实体模型是完全关联的，实体模型的尺寸、形状和位置的任何改变，都会同时引起二维工程图发生改变，如图 9.1 所示。这样，当工装三维模型修改时，工程图中的投影及尺寸都随着更改，从而避免了人为修改造成的不必要的浪费及出错的可能，提高三维设计的质量和效率。

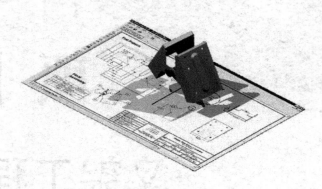

图 9.1　工程制图实际应用

# 9.1　任　务　导　入

根据图 9.2 所示的叉架平面图形建立其三维模型(图 9.3)，并完成工程制图及标注。通过该项目的训练，熟练掌握建模操作，熟悉制图模块功能，掌握工程制图的创建、视图操作、工程图标注的基本操作方法，完成叉架零件的工程制图及标注。

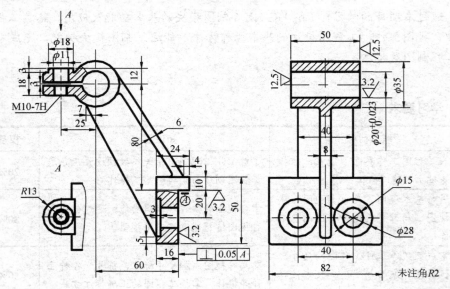

图 9.2　叉架平面图形

图 9.3　叉架三维实体模型

⬤ 视频 9.3

## 9.2 任 务 分 析

图 9.2 所示为叉架的平面图形，该零件包括轴、L 形底板、加强筋支撑板等，其工艺结构还包括凸台、简单孔、螺纹孔、沉头孔、铸造圆角等，综合应用草图绘制、实体建模和操作指令完成叉架三维实体模型，如图 9.3 所示。进入制图模块，布局创建工程图，包括创建基本视图、断开视图和局部剖视图等，进行尺寸标注、形位公差标注、表面粗糙度标注和文字注释等工程图标注，创建图框和标题栏，最终完成叉架工程制图。

## 9.3 任务知识点

### 9.3.1 工程图的基本操作

#### 1. 进入工程图模块

进入工程图有两种方式。

(1) 单击"新建"按钮，打开"新建"对话框，在对话框中选择"图纸"选项卡，并在列表中选择模板，如图 9.4 所示。输入要创建的文件名称和要存储文件的文件夹路径，单击"确定"按钮，进入工程图工作界面，如图 9.5 所示。

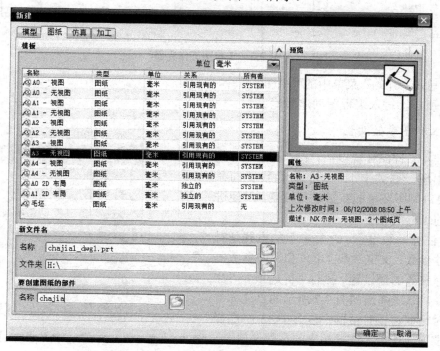

图 9.4 "新建"对话框"图纸"选项卡

图纸工具栏　　　　尺寸工具栏　　　　注释工具栏

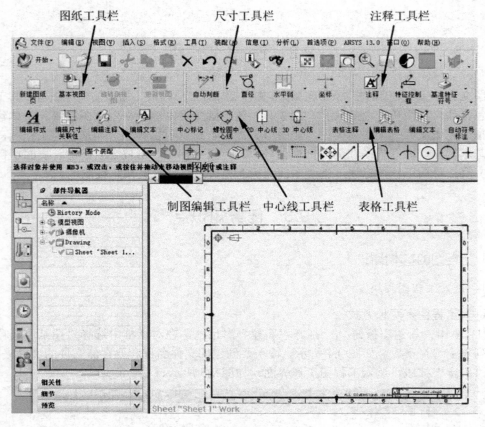

制图编辑工具栏　　中心线工具栏　　　表格工具栏

**图9.5　工程图工作界面**

（2）单击"开始"菜单中的"制图"命令，如图 9.6 所示，进入工程图创建环境。

2．工程图参数设置

当进入工程图环境以后，在"首选项"菜单下会出现一些关于工程图的参数设置的命令，需要对制图环境的参数进行设置，以便进行相关的工程图操作。

（1）注释参数设置。注释参数的设置是对包括尺寸参数、文字参数、单位和径向参数等制图注释参数的预设置。执行"首选项"|"注释"命令，系统弹出如图 9.7 所示的"注释首选项"对话框。该对话框中包含了 13 个注释参数的设置选项卡，选择相应的参数选项卡，对话框中就会出现相应的选项。

**图9.6　单击"开始"下拉菜单中的"制图"命令**

下面介绍常用的几种注释参数选项卡的参数设置方法。

① 尺寸：设置尺寸相关的参数的时候，根据标注尺寸的需要，用户可以利用对话框中上部的"尺寸"和"直线/箭头"选项卡进行设置。在尺寸设置中主要有以下几个设置选项。

a．尺寸线的引出线和箭头的设置：根据标注尺寸的需要，单击左右两侧的引出线和箭头符号，可以设置是否显示引出线和箭头。

b．尺寸值放置位置：在位置放置的下列框中共有 5 种形式。

c．精度和公差：可以设置最高 6 位的精度和 12 种类型的公差形式。

d．倒斜角方式：系统提供了 3 种类型的倒斜角形式。

② 直线/箭头：直线/箭头选项卡如图 9.8 所示。在此选项卡中可以设置尺寸线箭头的类型和箭头的形状参数，同时还可以设置尺寸线，延长线和箭头的显示颜色、线形和线宽。在设置参数时，根据要设置的尺寸和箭头的形式，在对话框中选择箭头的类型，并且输入箭头的参数值。如果需要，还可以在下部的选项中改变尺寸线和箭头的颜色。

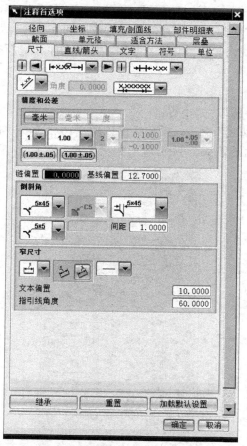

图 9.7　"注释首选项"对话框

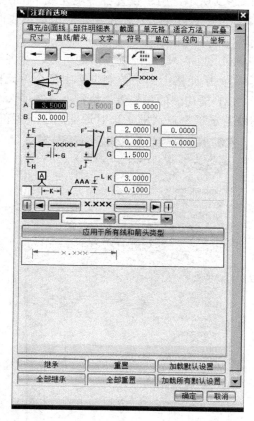

图 9.8　"直线/箭头"选项卡

③ 文字：设置文字相关的参数时，用户可以设置 4 种"文字类型"选项，包括尺寸、附加文本、公差和常规。设置文字参数时，先选择文字对齐位置和文本对准方式，再选择要设置的"文字类型"参数，最后在"文字大小"、"间隙因子"、"宽高比"和"行间距因子"等文本框中输入设置参数，这时用户可在预览窗口中看到文字的显示效果。

④ 符号：可以设置符号的大小、颜色、线型和线宽等参数。在设置参数时，先选择要设置的符号类型，系统提供了 6 种类型的符号：ID 符号、用户定义的符号、中心线符号、

交点符号、目标点符号和形位公差符号，然后再设置相应的符号颜色、线型和线宽即可。

⑤ 单位：可以设置尺寸的小数点类型、公差位置、长度尺寸的单位与格式、角度格式和双尺寸格式。

⑥ 径向：可以设置半径和直径标识符的位置、标识符号参数值和尺寸位置等。设置参数时，根据要标注直径和半径的要求，先选择标识符的位置。按我国的标准，应将直径和半径的标识符置于尺寸的前方。如果要改变标识符与尺寸之间的间距，可修改对话框中的 [A] 选项参数。另外还可以通过修改 [B] 选项参数来设置折叠半径的角度。如果需要，还可以将半径和直径标识符指定为自定义方式，并在其右边的文本框中输入字母，作为用户自己定义的半径和直径标识符号。

⑦ 填充/剖面线：在此选项卡中可以设置区域内应该填充的图形以及比例和角度等，如图 9.9 所示，用于设置各种填充线/剖面线样式和类型，并且可以设置角度和线型。

⑧ 部件明细表：用于指定生成明细表时，默认的符号、标号顺序、排列顺序和更新控制等。

⑨ 截面：用来控制表格的位置、对齐等。

⑩ 单元格：用来控制表格中每个单元格的格式、大小等。

(2) 剖切线的预设置。执行"首选项"、"剖切线"命令，系统弹出如图 9.10 所示的"剖切线首选项"对话框。该对话框用于设置剖切面的箭头、颜色/线形和文字等参数。

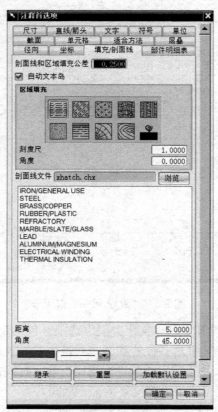

图 9.9 "填充/剖面线"选项卡

图 9.10 "剖切线首选项"对话框

该对话框中上部为箭头和尺寸设置参数，下部为截面线的颜色、线型、线宽及其他辅助选项的参数。下面介绍各参数的用法。

① 箭头的尺寸选项：用于设置剖视图中的截面线箭头的参数，可以改变箭头的大小和箭头的长度以及箭头的角度。

② 尺寸的设计：用于设置截面的延长线的参数。可以修改剖面延长线长度以及图形框之间的距离。

③ 截面显示的参数。

a. 标准：用于设置截面线显示的类型，系统提供了 6 种形式供选择。

b. 颜色：用于设置截面的颜色。

c. 宽度：用于设置截面线的宽度，系统提供了 3 种类型供选择。

d. 样式：用于设置截面线的箭头类型，系统提供了 3 种类型供选择。

### 3. 工程图管理

(1) 新建图纸页。进入工程图环境后，系统弹出"工作表"对话框，或进入工程图环境后执行"插入"|"图纸页"命令，或单击"图纸"工具栏中的 按钮，打开如图 9.11 所示的"工作表"对话框。

① 图纸页名称：用于输入新建图纸的名称，输入的名称由系统自动转化为大写形式，可以指定相应的图纸名。

② 图纸大小：用于指定图纸的尺寸规格。选中"标准尺寸"单选按钮时，可在"大小"下拉列表框中选择所需的标准图纸号；选中"定制尺寸"单选按钮时，可在"高度"和"长度"文本框中输入自定义的图纸尺寸。图纸尺寸随所选单位的不同而不同，如果选中"英寸"，则为英寸规格；如果选择了"毫米"，则为公制规格。

③ 刻度尺：用于设置工程图中各类视图的比例大小，系统默认的设置比例为 1∶1。

④ 投影：用于设置视图的投影角度方式。系统提供了两种投影角度：第一象限角投影 和第二象限角投影 。

(2) 编辑图纸。进入工程图环境后，执行"编辑"|"图纸页"命令或单击"制图编辑"工具栏中的 按钮，打开"工作表"对话框。在该对话框中修改已有的图纸名称、尺寸、比例和单位等参数。修改完成后，系统就会以新的图纸参数来更新已有的图纸。在图纸导航器上选中要编辑的对象，单击鼠标右键，在弹出的快捷菜单中选择"编辑图纸页"选项也可打开相同的对话框。

## 9.3.2　视图的基本操作

创建完工程图后，可以从基本视图着手，生成视图的相关投影视图和各种剖切视图，从而使图纸完整表达产品零部件的相关信息。视图类型包括基本视图、投影视图、各种剖切视图、局部放大图和断开视图等。工程图模块拥有各种视图管理功能，如添加视图、移除视图、移动或复制视图、对齐视图和编辑视图等。利用这些功能，可以方便地建立所需的工程图。

1. 基本视图

单击"图纸"工具栏中的"基本视图"按钮，系统弹出如图 9.12 所示的"基本视图"对话框。在下拉菜单中，可以选择所需的模型视图。模型视图是指部件模型的各种向视图和轴测图，包括俯视图、仰视图、主视图、后视图、右视图、左视图、正等轴测视图和轴测视图。这些视图可添加到工程图中作基本视图，并可通过正交投影生成其他视图。该对话框中各选项的含义如下。

(1) Model View to Use：用于设置向图纸中添加何种类型的视图。其下拉列表框提供了"俯视图"、"前视图"、"右视图"、"后视图"、"仰视图"、"左视图"、"正等测视图"和"正二测视图" 8 种类型的视图。

(2) 定向视图工具 🔄：单击该按钮，系统弹出如图 9.13 所示的"定向视图工具"对话框。该对话框用于自由旋转、寻找合适的视角、设置关联方位视图和实时预览。设置完成后，单击鼠标中键就可以放置基本视图。

(3) 刻度尺：用于设置图纸中的视图比例。

图 9.11 "工作表"对话框　　图 9.12 "基本视图"对话框　　图 9.13 "定向视图工具"对话框

2. 投影视图

投影视图是从父视图产生正投影视图，该命令只有在有基本视图后才有效。当创建完基本视图后，继续移动鼠标将添加投影视图；或单击"图纸"工具栏中的"投影视图"按钮 ◇，打开"投影视图"对话框，如图 9.14 所示。

通过添加"基本视图"和"投影视图"，选择图纸"A3-297×420"，"第一象限角"投影，创建如图 9.15 所示的叉架的"俯视图"、"前视图"、"左视图"。

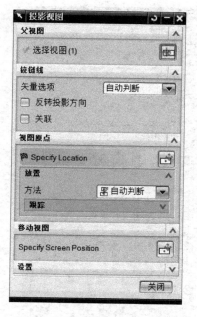

图 9.14　"投影视图"对话框

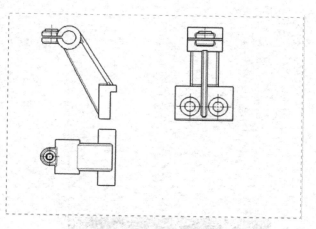

图 9.15　创建叉架的"三视图"

### 3．简单剖视图

单击"图纸"工具栏中的"剖视图"按钮，打开"剖视图"工具栏，如图 9.16 所示。然后选择合适的模型视图和合适的方向即可建立简单剖视图。其中选择操作步骤栏中出现了选择基本视图、铰链线、方向和移动视图等按钮。

图 9.16　"剖视图"工具栏

### 4．半剖视图

单击"图纸"工具栏中的"半剖视图"按钮，系统弹出如图 9.17 所示"半剖视图"工具栏。添加半剖视图的步骤同样包括了选择基本视图、指定铰链线、放置剖视图等。首先在绘图工作区中选择要剖切的基本视图，再在绘图工作区中定义铰链线的位置、方向以及弯折位置，最后拖动剖视图边框到理想位置，则系统会将半剖视图定位在工程图中。

### 5．局部放大图

单击"图纸"工具栏中的"局部放大图"按钮，打开"局部放大图"对话框，如图 9.18 所示。该对话框中各选项的含义如下。

(1) 矩形：该类型用于指定视图的矩形边界。可以选择矩形中心点和边界点来定义矩形大小，同时可以通过拖动鼠标来定义视图边界大小。

(2) 圆形：该类型用于指定视图的圆形边界。可以选择圆形中心点和边界点来定义圆形大小，同时可以拖动鼠标来定义视图边界大小。

图 9.17　"半剖视图"工具栏　　　　　图 9.18　"局部放大图"对话框

6. 局部剖视图

单击"图纸"工具栏中的"局部剖"按钮，系统弹出如图 9.19 所示的"局部剖"对话框。该对话框中各选项的含义如下。

(1) 创建局部剖视图：创建局部剖视图的步骤包括了选择视图、指定基点、指出拉伸矢量、选择曲线和修改边界曲线 5 个步骤。

① 选择视图。当系统弹出图 9.17 所示的对话框时，"选择视图"按钮自动激活，并提示选择视图。用户可在绘图工作区中选择已建立局部剖视边界的视图作为视图。

② 指定基点。基点是用于指定剖切位置的点。选择视图后，"指定基点"按钮被激活，对话框的视图列表框会变为点创建功能选项。在与局部剖视图相关的投影视图中，用点功能选项选择一点作为基点，来指定局部剖视的剖切位置。但是，基点不能选择局部剖视图中的点，而要选择其他视图中的点。

③ 指出拉伸矢量。指定了基点位置后，"指出拉伸矢量"按钮被激活，这时绘图工作区中会显示默认的投影方向，可以接受默认方向，也可用矢量功能选项指定其他方向作为投影方向，如果要求的方向与默认方向相反，则可选择"矢量反向"选项使之反向。

④ 选择曲线。边界是局部剖视图的剖切范围，可以单击对话框中的"链"按钮选择剖切面，也可直接在图形中选择。

⑤ 修改边界曲线。选择了局部剖视边界后，"修改边界曲线"按钮被激活。如果选择的边界不理想，可利用该步骤对其进行编辑修改。

　　局部剖视图与其他剖视图的操作是不同的，局部剖视图是在存在的视图中产生，而不是产生新的剖视图。

　　(2) 编辑局部剖视图：首先应选择需要编辑的视图(可在各视图中选择已进行的局部剖切的剖视图)，完成选择后，对话框中的"指定基点"、"指定投影方向"、"选择边界"和"编辑边界"按钮同时激活。此时可根据需要修改的内容选择相应图标，按创建剖视图时介绍的方法进行编辑修改。完成局部剖视图的修改后，局部剖视图会按修改后的内容得到更新。

　　(3) 删除局部剖视图：在绘图工作区中选择已建立的局部剖视图，则系统会删除所选的局部剖视图。

　　创建叉架轴孔的局部剖视图的步骤如下。

　　① 在"草图工具"工具栏中选择图 9.15 中左视图所对应的"ORTHO@12"，利用草图工具绘制封闭的"艺术样条"曲线，创建局部剖视图边界，如图 9.20 所示。在"草图工具"工具栏中选择"sheet1"选项，返回图纸页。

图 9.19　"局部剖"对话框

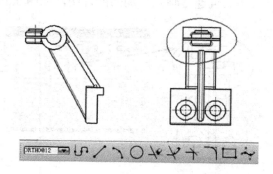

图 9.20　创建局部剖视边界

　　② 单击"图纸"工具栏中的"局部剖"按钮，选择左视图，如图 9.21 所示。

　　③ 指定基点，选择叉架主视图上的轴孔圆心，如图 9.22 所示。

　　④ 拉伸矢量方向为默认方向，如图 9.23 所示。

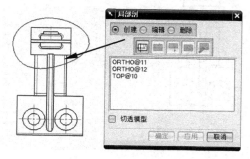

图 9.21　选择左视图

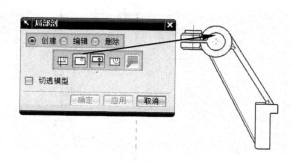

图 9.22　指定基点

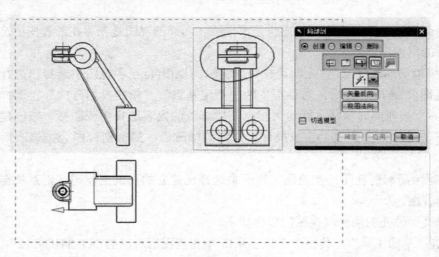

图 9.23　拉伸矢量方向

⑤ 选择局部剖视图边界，如图 9.24 所示。

⑥ 创建"轴孔"局部剖视图，如图 9.25 所示。

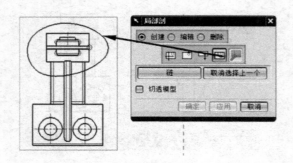 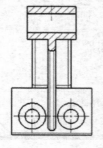

图 9.24　选择局部剖视图边界　　　　　　　　　　图 9.25　创建的"轴孔"局部剖视图

按上述类似的方法，创建叉架主视图的两个局部剖视图，如图 9.26 所示。

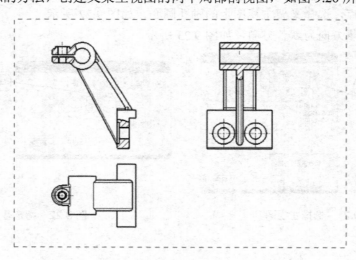

图 9.26　完成叉架局部剖视图创建

7. 断开视图

断开视图可以建立、编辑和更新由若干条边界线所定义的压缩视图。

在视图模式下的主菜单中执行"插入"|"视图"|"断开视图"命令，或单击"视图"工具栏中的"断开视图"按钮 ，进入"断开视图"对话框，如图 9.27 所示。所有呈灰色选项均不能使用，只有选择对象视图后才能使用。

创建叉架俯视图位置的"断开视图"的操作步骤如下。

① 选择俯视图为父视图，对话框功能可使用，如图 9.28 所示。

② 添加断开区域。选择合适的曲线类型，创建封闭区域，如图 9.29 所示。

③ 选择定位截断区域，单击"确定"按钮，创建的"断开视图"如图 9.30 所示。

图 9.27 "断开视图"对话框

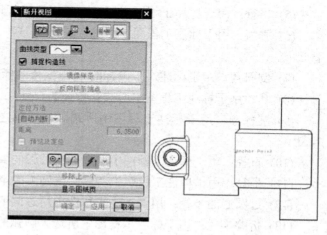

图 9.28 选择"俯视图"为父视图

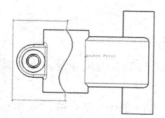

图 9.29 添加断开区域

图 9.30 创建的断开视图

### 9.3.3 工程图的标注

1. 尺寸标注

尺寸标注用于标识对象的尺寸大小。由于 UG 工程图模块和三维实体造型模块是完全关联的，因此，在工程图中进行尺寸标注就是直接引用三维模型真实的尺寸，具有实际的含义，因此无法像二维软件中的尺寸一样可以进行改动，如果要改动零件中的某个尺寸参数，需要在三维实体中修改。如果三维模型被修改，工程图中的相应尺寸会自动更新，从而保证了工程图与模型的一致性。

"尺寸"工具栏中共包含 20 种尺寸类型,该工具栏用于选取尺寸标志的标注样式和标注符号。

在标注尺寸前,先要选择尺寸的类型。该工具栏常用 15 种类型的尺寸标注方式,"尺寸标注"下拉菜单如图 9.31 所示。

(1) 自动判断:由系统自动推断出选用哪种尺寸标注类型进行尺寸标注。

(2) 水平:用于标注工程图中所选对象间的水平尺寸。

(3) 竖直:用于标注工程图中所选对象间的垂直尺寸。

(4) 角度:用于标注工程图中所选两直线之间的角度。

(5) 平行:用于标注工程图中所选对象间的平行尺寸。

(6) 垂直:用于标注工程图中所选点到直线(或中心线)的垂直尺寸。

(7) 倒斜角:用于标注对于国标的 45°倒角的标注。

(8) 孔:用于标注工程图中所选孔特征的尺寸。

(9) 圆柱形:用于标注工程图中所选圆柱对象之间的直径尺寸。

图 9.31 "尺寸标注"菜单

(10) 直径:用于标注工程图中所选圆或圆弧的直径尺寸。

(11) 半径:用于标注工程图中所选圆或圆弧的半径尺寸。

(12) 过圆心的半径:用于标注工程图中所选圆或圆弧的半径尺寸,但标注过圆心。

(13) 折叠半径:用于标注工程图中所选大圆弧的半径尺寸,并用折线来缩短尺寸线的长度。

(14) 厚度:用于标注两圆弧之间的距离。

(15) 弧长:用于标注视图中圆弧的弧长。

UG NX 6.0 还提供尺寸链进行标注的方式,如图 9.32 所示。

(1) 水平链:用来在工程图中生成一个水平方向($XC$ 轴方向)上的尺寸链,即生成一系列首尾相连的水平尺寸。

(2) 竖直链:用来在工程图中生成一个垂直方向上($YC$ 轴方向)的尺寸链,即生成一系列首尾相连的垂直尺寸。

(3) 水平基线:用来在工程图中生成一个水平方向($XC$ 轴方向)的尺寸系列,该尺寸系列分享同一条基线。

(4) 竖直基线:用来在工程图中生成一个垂直方向($YC$ 轴方向)尺寸系列,该尺寸系列分享同一条基线。

标注尺寸以后,还可以对标注的属性进行编辑。双击标注的尺寸,系统弹出如图 9.33 所示的"编辑尺寸"工具栏,该属性栏中的相关图标的功能如下。

(1) **1.00** :设置尺寸公差的类型,其默认的类型为无公差。在进行公差标注时,单击此按钮,系统将弹出如图 9.34 所示的公差标注类型下拉列表。

(2) **1** :设置主尺寸小数点后面的位数。

图 9.32　"尺寸链标注"菜单

图 9.33　"编辑尺寸"工具栏

(3) 注释编辑器 ：可以在工程图中添加必要的图形、符号，以表示零件的某些特征或形位公差等内容，"文本编辑器"对话框如图 9.35 所示。

(4) 尺寸样式 ：通过该命令可以对尺寸、直线/箭头、文字和单位进行设置，"尺寸样式"对话框如图 9.36 所示。

(5) 重置 ：重置所作的设置。

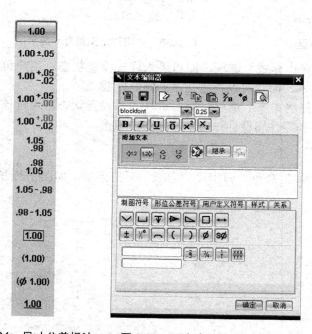

图 9.34　尺寸公差标注　　图 9.35　"文本编辑器"对话框　　图 9.36　"尺寸样式"对话框

2. 文本标注

图 9.35 所示的"文本编辑器"对话框上部为注释编辑工具条；中部为注释编辑窗口以及 5 个符号功能选项：制图符号、形位公差符号、用户定义符号、样式、关系；下部为选择各符号功能选项时对应的设置参数。

(1) 制图符号：在符号编辑器中选择"制图符号"选项时，即进入常用制图符号设置状态。当要在视图中标注制图符号时，可以在对话框中单击某制图符号按钮，将其添加到注释编辑区，添加的符号会在预览区显示。如果要改变符号的字体和大小，可以用"注释编辑"工具进行编辑。添加制图符号后，可以选择一种定位制图符号的方法，将其放到视图中的指定位置。

(2) 形位公差符号：在符号编辑器中选择"形位公差符号"选项时，即进入常用形位公差符号设置状态，如图 9.37 所示。其中列出了各种形位公差符号、基准符号、标注格式以及公差框高度和公差标准选项。当要进行视图的形位公差标注时，首先要选择公差框架格式，可以根据需要选择单个框架或组合框架，然后选择形位公差符号，并输入公差数值和选择公差的标准。如果是位置公差，还应选择隔离线和基准符号。

(3) 用户定义符号：在注释编辑器的符号功能选项中选择"用户定义符号"选项，即可进入用户定义符号设置状态，如图 9.38 所示。如果已经定义好了自己的符号库，可以通过指定相应的符号库来加载相应的符号，同时可以设置符号的比例和投影。

图 9.37　"形位公差符号"显示区

图 9.38　"用户定义符号"显示区

(4) 样式：在注释编辑器中选择"样式"选项，即可进入样式设置状态。用户可以通过"竖直文本"选项来输入垂直文本，而且可以指定文本的倾斜度数。

(5) 关系：在注释编辑器中选择"关系"选项，即可进入关系设置状态。通过该选项卡可以将物体的表达式、对象属性和零件属性标注出来，并实现连接。

3. 中心线标注

在菜单栏执行"插入"|"中心线"命令，弹出"中心线"下拉菜单，如图 9.39 所示。"中心线"工具栏如图 9.40 所示。

图 9.39　"中心线"菜单

图 9.40　"中心线"工具栏

(1) 中心标记：用于在所边的共线点或圆弧中产生中心线，或在所选取的单个点或圆弧上插入线性中心线。单击该按钮后，在可变显示区中指定线性中心线的参数，并用点位置选项选择两个或多个圆弧的中心点或控制点，则系统就会在所选位置插入指定参数的线性中心线，并在选择点位置产生一条垂直线。

(2) 螺栓圆中心线：专用于为沿圆周分布的螺纹孔或控制点插入带孔标记的完整环形中心线。系统提供了两种产生带孔的完整环形中心线的方法：中心点和过 3 点。

(3) 圆形中心线：用于在所选取的沿圆周分布的对象上产生完整的环形中心线。

(4) 对称中心线：用于在所选取的对象上产生对称的中心线。

(5) 2D 中心线：用于在所取得沿长方体分布的对象上产生完整的长方体中心线。

(6) 3D 中心线：用于在圆柱面或非圆柱面的对象上产生圆柱中心线。该选项中的参数 A、B 和 C 的含义分别是中心线线段的间隔距离、指定位置到中心线段的距离和指定位置外中心线的伸长距离。还可以对其中的偏移方式参数进行设置，系统共提供了两种偏移方式：偏移距离和偏移对象。

(7) 自动中心线：系统会自动标识中心线。

在叉架工程图中添加中心线的操作如下。

(1) 创建叉架主视图中的轴孔横向截面中心线。单击"中心标记"按钮 ⊕，单击"选择对象"按钮，选择轴孔圆心，创建轴孔横向截面的中心线，如图 9.41 所示。

(2) 创建叉架左视图中的轴孔纵向剖面中心线。单击"2D 中心线"按钮 ⊡，在"类型"下拉列表框中选择"根据点"选项，分别选择轴孔两端面的圆心，创建轴孔纵向剖面的中心线如图 9.42 所示。

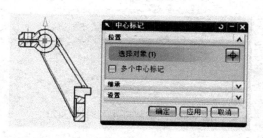

图 9.41　创建轴孔横向截面的中心线

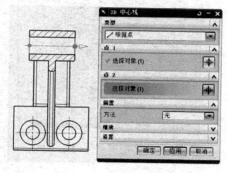

图 9.42　创建轴孔轴向剖面的中心线

(3) 按上述类似方法，完成叉架主视图中螺纹中心孔和沉头孔的中心线，如图 9.43 所示。

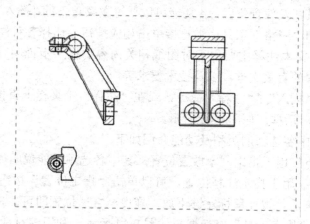

图 9.43　完成叉架工程图中心线的创建

**4. 定制符号**

"定制符号"命令主要有 4 种形式，其中最为常用的有两种，即表面粗糙度和 ID 识别符号。

执行"插入"|"符号"|"定制符号"命令，系统将弹出如图 9.44 所示的"定制符号"对话框。

(1) 表面粗糙度：用来表示工程图中的零件表面的粗糙程度指标。表面粗糙度的符号的方向由相关的几何对象确定，它与视图可以是不相关的，也可以是相关的。当在"定制符号"对话框的"库"列表中选择 NX Symbols 选项时，对话框的下面将出现常用的表面粗糙度的形式，如图 9.44 所示。

(2) ID 识别符号：当在"定制符号"对话框的"库"列表中选择 Identification Symbols 选项时，对话框的下面将出现 ID 识别符号的形式，如图 9.45 所示。

图 9.44 "定制符号"对话框(1)

图 9.45 "定制符号"对话框(2)

5. 注释和表框

在工程图纸上需要标注形位公差、基准符号、技术要求、标题栏及有关文本等，现介绍各种注释标签的设置及放置位置，各功能可以通过主菜单下的"插入"命令执行或在"注释"、"制图编辑"和"表格"工具栏上直接单击相应按钮，选择各种注释方法和操作。

(1) 文本注释。文本注释主要用于对图纸相关内容的进一步说明。例如特征某部分的具体要求，标题栏中的有关文本，以及技术要求等。

在主菜单执行"插入"|"注释"命令，或在"注释"工具栏上直接单击"注释"按钮，打开"注释"对话框，如图 9.46 所示。

"注释"对话框中各选项的类型及功能介绍如下。

① 原点。"原点"用于指定文本放置位置，其中各选项功能说明如下。

a. "指定位置"：用于指定注释位置。可以单击"指定位置"按钮，在视图上选择文本符号的放置位置后，按住鼠标左键不放，拖曳至合适位置即可。也可以单击"原点工具"按钮，打开"原点工具"对话框，如图 9.47 所示。利用该对话框指定原点位置。

b. "对齐"：用于指定对齐方式。包括"自动对齐"和"锚点"两个选项，其中"自动对齐"下拉列表中提供了"关联"、"非关联"和"关闭"3 种选项。"锚点"下拉列表中提供了 9 种选择，如图 9.48 所示。

图 9.46　"注释"对话框

图 9.47　"原点工具"对话框

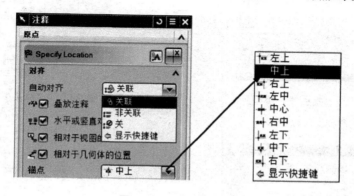

图 9.48　"对齐"方式

c. "注释视图"：用于选取需要注释的视图。单击该选项，选取需要注释的视图。

② 指引线。"指引线"主要是指定指引线类型，其中各选项功能说明如下。

a. "类型"：用户可在其下拉列表框中选取指引线类型，如图 9.49 所示，包括"普通"、"全圆符号"、"标志"、"基准"和"以原点终止"5 种类型。如果选择"普通"选项，则可创建普通指引线；如果选择"全圆符号"选项，则创建带短划线和全圆符号的指引线；如果选择"基准"选项，则在图纸上创建一个可与实体边缘或曲线相关联的基准特征指引线。

b. "箭头"：用于指定指引线箭头的样式，用户可在其下拉列表框中选择所需的箭头样式，如图 9.50 所示。

③ 文本输入。"文本输入"用于文本输入或编辑文本。用户可直接在文本框中输入文本或单击"文本编辑"按钮对文本进行编辑。"文本输入"文本框如图 9.51 所示。

在图 9.51 所示"符号"选项区域的"类别"下拉列表框中，系统提供了 5 种选项卡，下面对其中常用的"制图"和"形位公差"选项卡进行介绍。

a. "制图"：主要用于以符号的形式表达标注尺寸的类型，例如埋头孔、沉头孔、深度、直径、球直径等。用户只需单击所需的制图符号按钮，便可将其添加到"格式化"选项区域。如果要编辑现有的制图符号，可在视图区双击该符号。此时所选的符号将会高亮显示，并进入"文本编辑"对话框，利用该对话框，可对所选符号进行编辑。

b．"形位公差"：用于对一些重要的基准、加工表面或配合面添加形状或位置公差。在"类型"下拉列表框中选择"形位公差"选项，打开"形位公差"选项卡，如图 9.52 所示。利用该选项卡可添加公差项目符号、基准符号和标注符号。

图 9.49　"指引线"类型

图 9.50　"箭头"样式

图 9.51　"文本输入"文本框

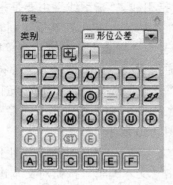

图 9.52　"形位公差"选项卡

④ 设置。如图 9.53 所示，"设置"选项区域用于设置文本的字型、颜色，字体的高度，粗体或斜体，文本角度、文本行距和是否垂直放置文本等。单击"样式"按钮，进入"样式"对话框，如图 9.54 所示，利用该对话可以对文本进行设置。

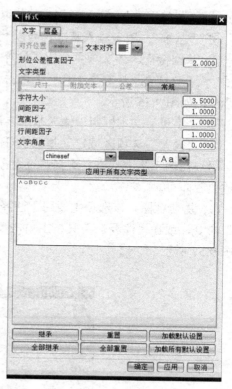

图 9.53　"设置"选项区域

图 9.54　文字"样式"对话框

（2）特征控制框。该命令主要作用为标注形位公差，在主菜单执行"插入"|"特征控制"命令，或在"注释"工具栏上直接单击"特征控制框"按钮 ，打开"特征控制框"对话框，如图 9.55 所示。"特征控制框"对话框中的几个主要选项说明如下。

① "特征"：用于指定特征类别。在下拉列表框中，用户可选择各种形位公差符号，如图 9.56 所示。

图 9.55　"特征控制框"对话框

图 9.56　"基准特征符号"对话框

② "公差"：用于输入形位公差值以及前缀(无、φ、Sφ)和后缀(无、Ⓛ、Ⓜ、Ⓢ)。

③ "基准"：用于输入基准代号以及后缀(无、Ⓛ、Ⓜ、Ⓢ)

(3) 基准特征。该选项主要用于注释基准符号，在主菜单中执行"插入"|"基准特征符号"命令，或在"注释"工具栏上单击"基准特征符号"按钮，打开"基准特征符号"对话框，如图 9.56 所示。

① "字母"文本框用于输入基准字母，用户可以根据制图需要输入基准符号。

② "设置"选项区域定义基准字母的文字样式。

用户在输入基准代号、选择基准对象的箭头放置位置后，按住鼠标左键不放，拖曳至合适位置即可。

(4) 基准目标。该选项主要用于注释基准目标符号，在主菜单执行"插入"|"基准目标"命令，或在"注释"工具栏上单击"基准目标"按钮，打开"基准目标"对话框，如图 9.57 所示。

图 9.57 "基准目标"对话框

① "类型"：用于指定基准目标类型，系统在其下拉列表框中提供了"点"、"直线"、"矩形"、"圆形"、"圆环形"和"圆柱形" 6 种类型。

② "目标"：用于定义标签和确定是否选择终止。

(5) 表格注释。该命令用于在工程图和表格格式中创建注释。在主菜单中执行"插入"|"表格注释"命令，或在"表格"工具栏上单击"表格注释"按钮，系统弹出 5 行 5 列的空表格，如图 9.58 所示。此时可用鼠标拖动表格到合适位置，选中要输入内容的单元格双击，直接输入内容，按 Enter 键确认。还可以选择单元格，单击鼠标右键，进行"合并单元格"操作，也可以编辑文本样式等。

| | | | | 标题栏 | |
|---|---|---|---|---|---|
| | | | | | |
| | | | | | |
| | | | | | |

图 9.58 表格注释

# 9.4　制　图　操　作

以叉架为例，其制图操作步骤如下。

(1) 创建一个基于模型模板的新公制部件，并输入"chajiA.prt"作为该部件的名称。

(2) 综合应用建模操作指令，根据图 9.2 所示的叉架平面图形建立其三维模型，如图 9.3 所示。

(3) 单击"开始"菜单的"制图"命令，如图 9.6 所示，进入工程图创建环境。

(4) 在弹出的"工作表"对话框中设置各选项，如图 9.11 所示。

(5) 通过添加"基本视图"和"投影视图"，创建叉架的俯视图、前视图和左视图，如图 9.15 所示。

(6) 完成叉架的轴孔、螺纹孔和沉头孔 3 处局部剖视图的创建，如图 9.26 所示。

(7) 在叉架俯视图位置创建断开视图，如图 9.30 所示。

(8) 添加轴孔、螺纹孔和沉头孔的中心线，如图 9.43 所示。

(9) 完成叉架工程图中所有尺寸标注、形位公差标注、表面粗糙度标注、文本注释和图框表格，如图 9.59 所示。

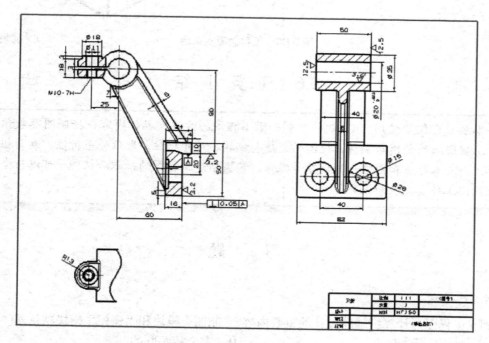

图 9.59　叉架工程制图及标注　　　　　　　　　　　视频 9.59

## 9.5 拓 展 实 训

根据图 9.60 的图纸要求，完成实体建模，并完成工程制图及标注。

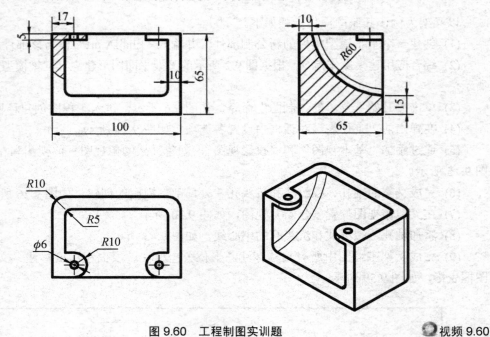

图 9.60 工程制图实训题 🌐视频 9.60

## 9.6 任 务 小 结

　　本项目介绍了使用 UG 软件绘制平面工程图的方法，具体内容包括制图参数预设值、工程图纸的创建与编辑、视图的创建与编辑、尺寸标注、形位公差标注、表面粗糙度标注、文本标注和图框表格创建等操作。掌握创建工程图的知识和技能，可以为今后胜任制图工作奠定良好基础。

## 习 题

1. 选择题

(1) 工程图是计算机辅助设计的重要内容，"制图"模块和"建模"模块默认是(　　)。

　A．不相关联的　　　　　　　　　　B．完全相关联的

　C．可关联可不关联　　　　　　　　D．三维模型修改后，工程制图需手动更新

(2) 单击下列哪个按钮可以进行平行的尺寸标注？(　　)

　A．🔲　　　　　　B．🔲　　　　　　C．🔲　　　　　　D．🔲

(3) 下列哪个工具可以生成旋转剖视图？（　　）

A. 　　B. 　　C. 　　D.

(4) 在工程制图中，进行倒斜角尺寸标注需要单击哪个按钮？（　　）

A. 　　B. 　　C. 　　D.

2. 操作题

图 9.61 所示为法兰盘零件图，按照图纸要求，完成该法兰盘的三维建模，并完成工程图绘制及标注。

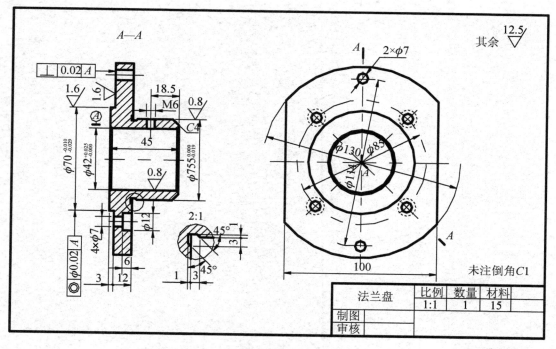

图 9.61　法兰盘的建模与工程制图　　　　　🌀 视频 9.61

# 模块四

## 常用机构的装配

# 项目 10

# 管钳装配

通过本项目的学习，了解 UG NX 6 的装配模块的基本功能及应用，熟悉装配相关术语及装配方法，能熟练运用添加组件、移动组件、替换组件、装配约束等装配工具完成管钳的装配，并创建装配爆炸图和装配工程图。

## 学习要求

| 能力目标 | 知识要点 | 权重 |
|---|---|---|
| 能了解 UG 软件装配模块的基本功能；熟悉装配术语及装配方法 | 了解 UG NX 6 的装配概念及基本方法；熟悉引用集、装配导航器的应用 | 20% |
| 能够熟练运用添加组件、移动组件、替换组件等组件处理和装配约束等装配工具完成管钳的装配 | 掌握常用组件处理命令和装配约束方法；运用自底向上的方法进行装配操作 | 50% |
| 能创建爆炸图并进行编辑；进入制图模块，创建装配工程图 | 掌握装配爆炸图的创建方法，熟悉装配工程图的操作步骤 | 30% |

## 引例

装配是将零件按规定的技术要求组装起来，并经过调试、检验使之成为合格产品的过程，如图 10.1 所示。UG 装配模块不仅能快速组合零部件成为产品，而且在装配中可参照其他部件进行部件关联设计；装配模型生成后可建立爆炸图，并可将其引入到装配工程图中；在装配工程图中可自动产生装配明细表。UG 装配是模拟真实产品装配过程，因此属于虚拟装配方式。

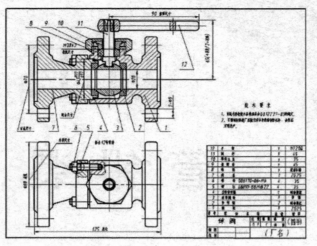

图 10.1　装配实际应用

# 10.1　任 务 导 入

　　将图 10.2 所示的钳座、圆管、滑块、螺杆、销、手柄杆、套圈等组件装配成管钳(图 10.3)。通过该项目的训练，熟悉 UG NX 6 的装配模块的基本功能及应用，了解装配引用集和装配导航器的应用，通过添加组件、移动组件、替换组件、装配约束等装配操作完成管钳的装配。

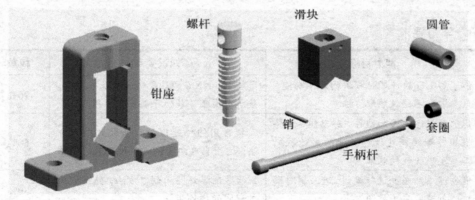

图 10.2　管钳组件

图 10.3　管钳装配体

视频 10.3

## 10.2  任 务 分 析

根据图 10.2 所示的各组件，采用自底向上的方法完成管钳的装配。先将钳座定位于坐标系原点，然后按顺序装配圆管、滑块、螺杆、销、手柄杆、套圈，形成管钳装配体，如图 10.3 所示。在实际工作中，装配套圈后需敲扁手柄杆，以达到定位要求，因此装配后要进行替换手柄杆的操作。完成管钳装配操作后还可以创建爆炸图和装配工程图。

## 10.3  任务知识点

### 10.3.1  装配概述

装配模块是 UG 中集成的模块，用于实现将零件的模型装配成一个最终的产品模型。装配模块不仅可以快速将零件产品进行组合，而且在装配中可以参考其他的部件进行部件之间的关联设计，还可以对装配的模型进行间隙分析和重量管理等操作。

装配的过程实际就是在部件之间建立起相互约束的关系。由于采用的是一个数据库，所以在装配过程中的部件同原来的部件之间的关系是既可以被引用，也可以被复制。一般来说，一个大的装配体可以看成由多个相对较小的装配体构成，而这些小的装配体由零部件构成。在进行装配的过程中，往往先建立小的装配体，然后再对这些小的装配体进行关系约束，这些小的装配体称为子装配体。

1. 装配术语

(1) 装配部件：由零件和子装配构成的部件。在 UG 中允许向任何一个 Part 文件中添加部件构成装配，因此任何一个 Part 文件都可以作为装配部件。在 UG 中，零件和部件不必严格区分，当存储一个装配时，各部件的实际几何数据并不是存储在装配部件文件中，而是存储在相应零件文件中。

(2) 子装配：在高一级装配中被用作组件的装配，子装配也拥有自己的组件。子装配是一个相对的概念，任何一个装配部件都可在更高级的装配中用作子装配。

(3) 组件对象：一个从装配部件链接到部件主模型的指针实体。一个组件对象记录的信息有：部件名称、层、颜色、线型、线宽、引用集和配对条件等。

(4) 组件：装配中由组件对象所指的部件文件。组件可以是单个部件(即零件)，也可以是一个子装配。组件由装配部件引用而不是复制到装配部件中。

(5) 单个零件：指在装配外存在的零件几何模型，它可以添加到一个装配中去，但它不能含有下级组件。

(6) 主模型：供 UG 模块共同引用的部件模型。同一主模型可同时被工程图、装配、加工、机构分析和有限元分析等模块引用，当主模型修改时，相关应用自动更新。当主模型修改时，有限元分析、工程图、装配和加工等应用都根据部件主模型的改变自动更新。

2．装配方法

(1) 自顶向下装配：指在装配的过程中创建与其他的部件相关的部件模型，是在装配部件的顶部向下产生子装配和部件的装配方法。

(2) 自底向上装配：先创建部件几何模型，再组合成子装配，最后生成装配部件的装配方法。

(3) 混合装配：指将自顶向下装配和自底向上装配结合在一起的装配方法。在实际设计中，可根据需要在两种模式下切换。

3．装配中部件的不同状态

(1) 显示部件：在图形窗口中显示的部件、组件和装配体都称为显示部件。在主界面中，显示部件的文件名称显示在图形窗口的标题栏处。

(2) 工作部件：可以在其中建立和编辑几何对象的部件。工作部件可以是显示部件也可以是显示部件中的任何部件。当打开一个部件文件时，它既是显示部件又是工作部件。当然显示部件和工作部件可以不同，在这种情况下，工作部件的颜色和其他部件的颜色有明显的区别。

### 10.3.2　装配导航器

装配导航器可以在一个独立的窗口中以树状方式显示装配结构，并可以在该导航器中进行各种操作，以及执行装配管理功能。

单击"资源"工具栏上的"装配导航器"按钮，打开如图 10.4 所示的装配导航器。和其他 CAD 类的软件特征树一样，装配导航器也有节点、分支等，可以方便地对部件或零件进行操作。装配导航器中各图标的含义如下。

表示装配件和子装配件。

表示装配结构树的组件。

表示装配和部件的显示状态。检查框被选中时，呈现红色，表示当前装配和部件处于显示状态；若呈现灰色，则表示当前装配和部件处于隐藏状态。

在工作窗口中，第一个节点表示顶层装配的部件，其下方的每一个节点均表示装配中的一个组件部件，列出了部件名、该子装配所引用的部件数，部件文件对应的装配组件名，所引用的引用集名等。

装配导航器的操作方法如下。

(1) 对用装配导航器的操作，一般都是先选择某一节点，然后利用组件操作快捷菜单进行操作。

(2) 在装配导航器中选择组件与直接在图形中显示的窗口中选择组件一样，被选中的组件高亮显示。

(3) 在装配导航器中选择组件的方法与过程与在 Windows 资源管理器中选择文件夹一样，可单选、连续多选或非连续多选。

(4) 在装配导航器中对节点进行拖放操作，可以将一个组件移动到某一子装配中变成该子装配的一个组件。

系统导航器的操作包括展开、折叠、打包等命令。在导航器中单击鼠标右键，系统弹出如图 10.5 所示的快捷菜单，可以通过选择菜单中的命令来完成对导航器的操作。

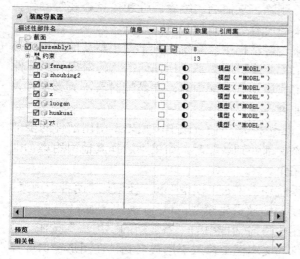

图 10.4　装配导航器

图 10.5　快捷菜单

装配导航器具体的命令操作如下。

（1）展开和折叠："展开"选项是用于切换装配导航器中显示部件的方式。单击菜单中的"展开"命令，则装配导航器中将显示部件的详细内容。如果不想显示全部内容可以单击"折叠"命令，则导航器中只显示部件的图标。

（2）打包："打包"命令可以改变装配导航器显示群体的方式。在部件中多次加入同一个零件后，装配导航器内将提供多个零件图标或是一个零件图标加上数量单位两种显示方式，如果此时快捷菜单中的选项为"打包"，选择后装配导航器将改变成一个图标加上数量单位的形式。可再次单击右键，单击"解包"命令，回到原来多个零件的图标显示方式。

（3）隐藏：该命令可对零件进行隐藏或者反隐藏操作。该命令与"编辑"菜单中的"隐藏"命令的用法是相同的。当要隐藏或是反隐藏绘图区域内的零件时，可以单击装配导航器中的零件图标，此时系统将显示快捷菜单，如果选择的图标已经隐藏，快捷菜单中的命令将显示"显示"，选择后隐藏的区域将显示在绘图区域内；如果选择的图标未隐藏，则快捷菜单中显示的是"隐藏"命令。

装配导航器是对于装配结构进行编辑的方便有利的工具。装配导航器一旦建立，就可以协助用户完成大部分的装配编辑工作，且操作简单方便。

### 10.3.3　引用集

装配的引用集是装配组件中的一个命名的对象集合。利用引用集，在装配中可以只显示某一组件中指定引用集的那部分对象，而其他的对象不显示在装配模型中。

在进行装配的过程中，每个部件所包含的信息都非常复杂。如果要在装配中显示所有部件的信息，由于数据量大，需要占用大量内存，不便于装配操作和管理。通过引用集能够限定组件装入装配中的信息数据量，同时避免了加载不必要的几何信息，提高机器的运行速度。

建立的引用集属于当前的工作部件。单击菜单中的"格式"|"引用集"命令，打开如

图 10.6 "引用集"对话框

图 10.6 所示的"引用集"对话框。在这个对话框中，可以对引用集进行创建、删除、重命名、编辑属性和信息查找等操作，还可以对引用集的内容进行添加和删除设置。

在"引用集"对话框中，系统提供了两个默认的引用集。

(1) Empty(空)。该引用集不包括任何的几何对象。当部件以空的引用集形式添加到装配中时，在装配时看不到该部件，这样可以提高速度。

(2) Entire Part(整体部件)。该引用集表示引用部件的全部几何数据。在添加部件到装配时，如果不选择其他引用集，则默认使用该引用集。

在装配时系统还会增加"模型"和"轻量化"两种引用集，用于定义实体模型和轻量化模型。

单击"引用集"对话框中的"添加新的引用集"按钮，在"引用集名称"文本框中输入引用集名称，在图形窗口选择要添加的几何对象，单击"确定"按钮，建立引用集。此时引用集的坐标系方向和原点是当前工作坐标系的方向和原点。

### 10.3.4 自底向上装配

自底向上的装配设计方法是常用的装配方法，首先设计好全部的装配组件，然后将组件添加到装配中，由底向上逐渐地进行装配。

在工具栏任意位置单击鼠标右键，在弹出的右键快捷菜单中单击"装配"命令，系统弹出如图 10.7 所示的"装配"工具栏。

图 10.7 "装配"工具栏

### 1. 组件处理

产品的整个装配模型是由单个部件或子装配进行装配而得到的，将这些对象添加到装配模型中形成装配组件，可以对装配结构中的组件进行删除、编辑、阵列、替换和重新定位处理等。这些处理功能主要通过"添加组件"、"移动组件"、"替换组件"、"阵列组件"等命令来实现。

(1) 添加组件。在装配过程中，一般需要添加其他组件，将所选组件调入装配环境中，再在组件与装配体之间建立相关约束，从而形成装配模型。

执行"装配"|"组件"|"添加组件"命令，或单击"装配"工具栏上的"添加组件"按钮，系统弹出"添加组件"对话框，如图 10.8 所示。

"添加组件"对话框中的各选项含义如下。

（1）选择部件：在屏幕中选择要装配的部件文件。

（2）已加载的部件：该列表框中显示已打开的部件文件，若要添加的部件文件已存在于该列表框中，可以直接选择该部件文件。

（3）打开：单击该按钮，打开"部件名"对话框，在该对话框中选择要添加的部件文件"*.prt"。部件文件选择完后，单击"确定"按钮，返回到图 10.8 所示的"添加组件"对话框。同时，系统将出现一个零件预览窗口，用于预览所添加的组件，如图 10.9 所示。

图 10.8　"添加组件"对话框

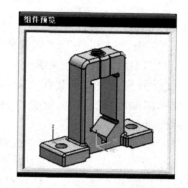

图 10.9　预览添加的组件

（4）定位：用于指定组件在装配中的定位方式。其下拉列表提供了"绝对原点"、"选择原点"、"通过约束"和"移动" 4 种定位方式。

（5）多重添加：用于添加多个相同的组件。其下拉列表提供了"无"、"添加后重复"和"添加后阵列"选项。

（6）设置：用于设置名称、设置引用集和组件放置的图层。选取引用集(Reference set)包括"整个部件"、"模型"、"轻量化"、"空"等方式。"图层"选项用于设置添加组件加到装配组件中的哪一层，其下拉列表框包括"工作"、"原先的"和"按指定的" 3 个选项。"工作"表示添加组件放置在装配组件的工作层中；"原先的"表示添加组件放置在该部件创建时所在的图层中；"按指定的"表示添加组件放置在另行指定的图层中。

（2）移动组件。在装配过程中，如果之前的约束关系并不是当前所需的，可对组件进行移动。

执行"装配"|"组件"|"添加组件"命令，在图 10.8 所示"定位"方式下拉列表框中选择"移动"选项，或单击"装配"工具栏上的"移动组件"按钮 ，系统弹出"移动组件"对话框，如图 10.10 所示，其"类型"下拉列表框中提供了 9 种选项。

（3）替换组件。"替换组件"命令可以移除现有组件，并按原始组件的精确方向和位置添加其他组件。

执行"装配"|"组件"|"替换组件"命令，系统弹出"替换组件"对话框，如图 10.11 所示。当选择一个或多个要替换的组件后，单击"替换部件"选项区域中的"选择部件"按钮，选择替换部件，单击"确定"按钮即可完成组件的替换。

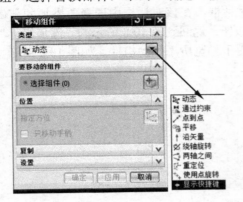

图 10.10　"移动组件"对话框

图 10.11　"替换组件"对话框

(4) 阵列组件。"组件阵列"是一种在装配中用对应关联条件快速生成多个组件的方法。

执行"装配"|"组件"|"创建阵列"命令，选择组件对象，系统弹出"创建组件阵列"对话框，如图 10.12 所示。系统提供了"从实例特征"、"线性"、"圆形"3 种定义方式。

① 线性阵列：在"创建组件阵列"对话框中选中"线性"单选按钮，单击"确定"按钮，系统弹出如图 10.13 所示的"创建线性阵列"对话框，它将生成线性阵列。在这个对话框中可以进行如下的设置。

a. "方向定义"：它可以定义偏移量的基准轴或是基准面，共有 4 种定义方式。

b. "总数"：该选项用于定义组件在 $X/Y$ 方向上的数目。如果 $Y/X$ 方向数目为 1，则只能生成线性的阵列，否则生成矩形阵列。

c. "偏置"：指定阵列组件在 $X/Y$ 方向上的距离。输入正值，则沿着定义的矢量的正方向生成阵列；否则沿着反方向生成阵列。

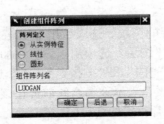

图 10.12　"创建组件阵列"对话框

图 10.13　"创建线性阵列"对话框

② 圆形阵列：在"创建组件阵列"对话框中选中"圆形"单选按钮，单击"确定"按钮，系统弹出如图 10.14 所示的"创建圆形阵列"对话框，它将生成环形的阵列形式。在这个对话框中可以分别定义圆形阵列的参数轴，阵列对象以及偏移的角度。

a. "轴定义"：该选项决定着圆形阵列的参考轴心线，所生成的环形阵列将围绕着该轴心。

b. "总数"：该选项用于定义组件在圆形方向上的数目。

c. "角度"：指定阵列组件的角度。

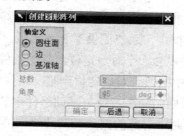

图 10.14　"创建圆形阵列"对话框

2. 装配约束

装配约束是指部件在相互配合中的装配关系，它主要是用限制部件之间的自由度来实现的。

在"添加组件"对话框中，在"定位"下拉列表框中选择"通过约束"选项，或单击"装配"工具栏的"装配约束"按钮 ，系统弹出如图 10.15 所示的"装配约束"对话框。在该对话框"类型"下拉列表框中，系统提供了 10 种装配约束的类型，常用约束类型功能介绍如下。

(1) 接触对齐。"接触对齐"约束用于约束两个组件，使它们彼此接触或对齐，是最常用的约束。

在"装配约束"对话框的"类型"下拉列表框中选择"接触对齐"选项，在"要约束的几何体"选项区域"方位"下拉列表中提供了 3 种类型，如图 10.16 所示。

图 10.15　"装配约束"对话框

图 10.16　"接触对齐"的"方位"类型

① 接触：贴合定位两个相一致的同类对象，使其位置重合。对于平面对象，用匹配约束时，它们共面且法线方向相反。

② 对齐：该关联类型对齐相关联项。当对齐平面时，使两个表面共面且法线方向相同。

③ 自动判断中心/轴：当对齐圆柱、圆锥和圆环面等对称实体，是使其轴线相一致。

(2) 角度。"角度"约束是指在两个对象间定义角度尺寸。角度约束可以在两个具有方向矢量的对象间产生，角度是两个方向矢量的夹角。这种约束允许关联不同类型的对象，例如可以在面和边缘之间指定一个角度约束。角度约束有两种类型：三维角和方向角度。

(3) 中心。"中心"约束是指约束两个对象的中心，使其中心对齐。当选择"中心"约束时，在"子类型"下拉列表框中，系统提供了 3 个选项。

① "1 对 2"：将相配组件中的一个对象定位到基础组件中两个对象的对称中心上。

② "2 对 1"：将相配组件中的两个对象定位到基础组件中的一个对象上，并与其对称。

③ "2 对 2"：使相配组件中的两个对象与基础组件中的两个对象成对称布置。

(4) 同心。"同心"约束将两个对象的圆或椭圆曲线/边的中心点定位到同一个点，同时使它们共面。

(5) 距离。"距离"约束用于指定两个相关联项间的最小三维距离，距离可以是正值也可以是负值，正负号确定相关联项是在目标对象的哪一边。如果选择距离关联类型，在"关联条件"对话框中的选项补偿表达式将被激活。补偿表达式显示当前距离约束表达式的名称和数值，如果表达式不存在，则产生一个新的表达式。在"补偿"文本框中可以改变表达式的名称和数值。补偿显示当前偏置值。

(6) 平行。"平行"约束用于约束两个对象的方向矢量彼此平行。

(7) 垂直。"垂直"约束用于约束两个对象的方向矢量彼此垂直。

### 10.3.5  自顶向下装配

"自顶向下"的装配方法是首先创建一个装配体，然后下移一层，生成该装配体引用的子装配和零件，依次进行下一层装配和组件，最后获得整体装配。当工作部件是未设计完的组件而显示部件是装配件时，采用自顶向下的装配设计方法是非常有用的。自顶向下的设计方法主要有两种形式。

(1) 装配方法 1：首先在装配体中建立几何模型，然后产生新的组件，并且把几何模型加入到新的组件中。当以该方法增加组件的时候，可以选择在当前的工作环境中现存的组件，但是处于该环境中现存的三维实体不会在列表中显示，不能被当作组件进行增加，它只是一个几何体，不含有其他的组件信息，若要使其也增加到当前装配中，就必须用自顶向下的方法进行装配。

(2) 装配方法 2：首先在装配体中产生一个新的组件，它不含有任何的几何对象，然后使其成为工作组件，再在其中建立几何模型。

### 10.3.6  装配爆炸图

"爆炸视图"命令显示装配内部的零件，其中包括创建爆炸视图、恢复部件、删除爆炸视图和显示爆炸视图等选项，利用"创建爆炸视图"选项可构建一个用户所需的爆炸视图，并且可以通过编辑爆炸视图、恢复部件和删除爆炸视图等操作对爆炸视图进行编辑，再以隐藏和显示爆炸视图功能切换不同的爆炸视图。

可以看到，原来组装在一起的零部件已经分成单独的零件了，但是它们的装配关系保持不变。爆炸图和用户建立的视图一样，一旦建立了，就可以作为单独的图形文件进行处理。

爆炸图仍然遵循 UG 的单一数据库的规范，所以其操作仍然带有关联性，用户可以对爆炸视图中的任意组件或者零件进行加工，它们都是直接反映到原来的装配图中并且发生相应变化。但是，用户不能够爆炸装配部件中的实体，而且不能在当前模型中对爆炸视图进行导入或导出等操作。

执行"装配"|"爆炸图"命令，或单击"装配"工具栏的"爆炸图"按钮 ，系统弹出"爆炸图"工具栏，如图 10.17 所示。爆炸图操作主要包括建立、编辑、自动爆炸、取消爆炸、删除、隐藏和显示等。另外，用户还可以对组件等进行控制。

图 10.17　"爆炸图"工具栏

执行"装配"|"爆炸图"|"新建爆炸图"命令，系统弹出"创建爆炸图"对话框，如图 10.18 所示，可以在对话框中输入爆炸图的名称，默认的爆炸图的名称为 Explosion 1。

爆炸图和非爆炸图之间的切换可以通过执行"装配"|"爆炸图"|"隐藏爆炸图"命令来进行。如果选择"显示爆炸图"命令，则返回爆炸图。

编辑爆炸图可以通过执行"装配"|"爆炸图"|"编辑爆炸图"命令，系统弹出"编辑爆炸图"对话框，如图 10.19 所示，可以通过装配导航器或是图形区直接选择要编辑的组件。

图 10.18　"创建爆炸图"对话框

图 10.19　"编辑爆炸图"对话框

### 10.3.7　装配检验

装配的检验主要是检验装配体各个部件之间的干涉、距离、角度，以及各相关的部件之间的主要几何关系是不是满足要求的条件。

装配的干涉分析就是要分析装配中的各零部件之间的几何关系之间是否存在干涉现象，以确定装配是不是可行的。

执行"分析"|"简单干涉"命令，系统弹出"简单干涉"对话框，如图 10.20 所示。可以对已经装配好的对象检查它们之间的面、边缘等几何体之间的干涉。

图 10.20　"简单干涉"对话框

# 10.4 装配操作

### 10.4.1 管钳装配

(1) 进入装配环境。进入 UG NX 6 软件，新建文件"assembly.prt"，选择装配组件所在文件夹"guanqian"作为保存文件的位置，完成后单击"确定"按钮。首先进入建模环境，然后，单击"标准"工具栏的"开始"按钮 [开始]，在弹出的下拉菜单中选择"装配"选项，进入装配环境，如图 10.21 所示。

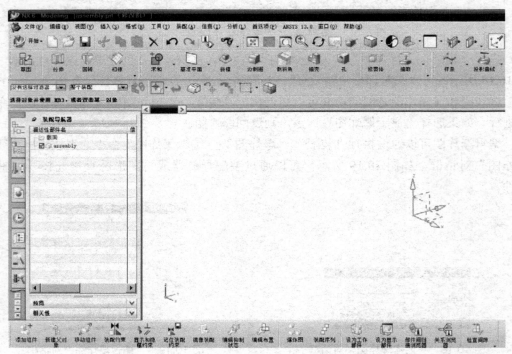

图 10.21 进入装配环境

(2) 添加首个组件"钳座(qianzuo)"。在"装配"工具栏中单击"添加组件"按钮 ，系统弹出"添加组件"对话框。在该对话框"放置"选项区域的"定位"下拉列表框中选择"绝对原点"选项；在"设置"选项区域的 Reference set 下拉列表框中选择"模型"选项；"已加载的部件"选择框中没有已加载的部件，单击"打开"按钮 ，如图 10.22 所示，在系统弹出的"部件名"对话框中找到需要添加的部件文件(*.prt)"qianzuo"，单击 OK 按钮，系统弹出"组件预览"窗口，如图 10.23 所示。单击"添加组件"对话框中的"应用"按钮，添加的"钳座"组件定位于装配环境的绝对原点位置，同时，在装配导航器的装配件"assembly"下方生成其下属组件"qianzuo"，如图 10.24 所示。

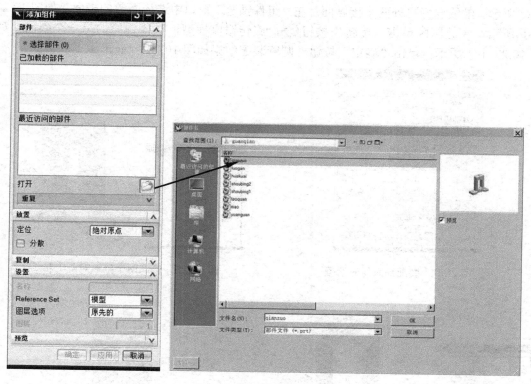

图 10.22 添加组件"钳座"

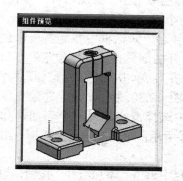

图 10.23 "组件预览"窗口

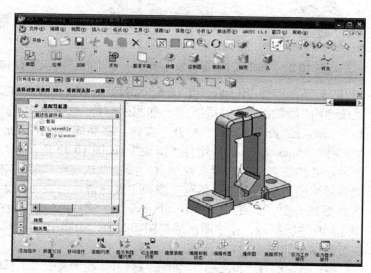

图 10.24 添加的"钳座"组件

(3) 添加组件"yuanguan",装配"圆管"。在"装配"工具栏中单击"添加组件"按钮,系统弹出"添加组件"对话框,在"定位"下拉列表框中选择"通过约束"选项,打开部件"yuanguan"。打开的部件在"组件预览"窗口中显示并弹出"装配约束"对话框,接受默认装配类型"接触对齐",方位为"首选接触",如图 10.25 所示。然后,在"组件预览"窗口中选择圆筒的表面,如图 10.26 中①所示,在绘图区选择钳座的一个斜面,如图 10.26

中②所示。继续选择另外两个接触面，在"组件预览"窗口中选择圆筒的表面，如图 10.27 中③所示；在绘图区单击"旋转"按钮 ⟳，旋转钳座模型，选择钳座的另一个斜面，如图 10.27 中④所示；单击"确定"按钮，圆管装配结果如图 10.28 所示。

图 10.25　"装配约束"对话框

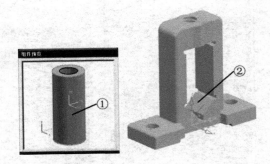

图 10.26　选择两个接触对象①和②

图 10.27　选择两个接触对象③和④

图 10.28　"圆管"装配结果

（3）添加组件"huakuai"，装配"滑块"。在"装配"工具栏中单击"添加组件"按钮，系统弹出"添加组件"对话框，"已加载的部件"选择框中有两个已加载的部件"qianzuo.prt"和"yuanguan.prt"。单击"打开"按钮，在系统弹出的"部件名"对话框中找到需要添加的部件"huakuai"，添加组件"滑块"，如图 10.29 所示。打开的部件在"组件预览"窗口中显示并弹出"装配约束"对话框，接受默认装配"接触对齐"；单击"旋转"按钮 ⟳，旋转滑块模型，在"组件预览"窗口中选择滑块的表面，如图 10.30 中①所示，在绘图区选择圆管表面，如图 10.30 中②所示；在"组件预览"窗中选择滑块的另一个表面，如图 10.30 中③所示，在绘图区选择圆管表面，如图 10.30 中②所示；单击"确定"按钮，滑块装配结果如图 10.31 所示。

（4）添加组件"luogan"，装配"螺杆"。在"装配"工具栏中单击"添加组件"按钮，系统弹出"添加组件"对话框，"已加载的部件"选择框中有已加载的部件"qianzuo.prt"、"yuanguan.prt"和"huakuai"。单击"打开"按钮，在系统弹出的"部件名"对话框中找到需要添加的螺杆部件"luogan"。打开的部件在"组件预览"窗口中显示并弹出"装配约束"对话框，在"接触对齐"类型的"方位"下拉列表框中，选择"自动判断中心/轴"选项，如图 10.32 所示；在"组件预览"窗口中选择螺杆的圆柱面，如图 10.32 中①所示；在绘图区选择钳座圆柱面，如图 10.32 中②所示；单击"确定"按钮，螺杆初步定位结果如图 10.33 所示。

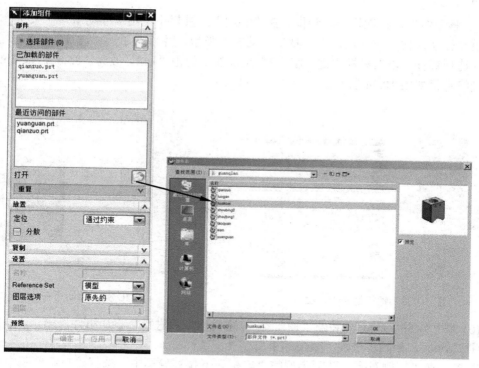

图 10.29　添加组件"滑块"

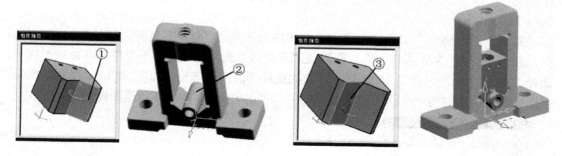

图 10.30　选择接触对象的配合面　　　　　　图 10.31　"滑块"装配结果

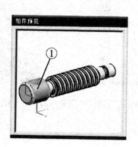

图 10.32　选择"自动判断中心/轴"装配方式和装配对象

（5）移动组件，将螺杆移动到位。在"装配"工具栏中单击"移动组件"按钮 ，系统弹出"移动组件"对话框，系统默认"动态"类型，并自动激活"选择组件"按钮；在绘图区选择螺杆，单击鼠标中键，将"Z"坐标的数值由"-42"改为"85.8"，按 Enter 键，螺杆最终定位如图 10.34 所示。

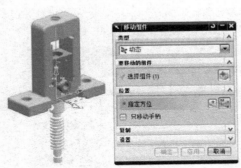

图 10.33　螺杆的初步定位

图 10.34　移动螺杆

（6）添加组件"xiao"，装配"销"。按前述类似步骤进行"添加组件"操作，添加的部件为销"xiao"，分两步进行"装配约束"。

首先，在"接触对齐"装配类型的"方位"下拉列表框中，选择"自动判断中心/轴"选项；在"组件预览"窗口中选择销的外圆柱面，如图 10.35 中①所示；在绘图区选择钳座上销孔的内圆柱面，如图 10.35 中②所示；单击"确定"按钮，一个销的初步定位结果如图 10.35 中③所示。

其次，在"装配"工具栏中单击"装配约束"按钮 ，系统弹出"装配约束"对话框，选择"中心"装配类型，在"要约束的几何体"选项区域的"子类型"下拉列表框中，选择"2 对 2"选项，如图 10.36 所示；依次选择销的两个端面，如图 10.36 中①和②所示；再选择滑块前后的两个平面，如图 10.36 中③和④所示；销的装配结果如图 10.37 所示。

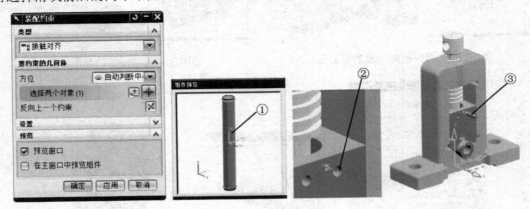

图 10.35　销与销孔"自动判断中心/轴"装配约束

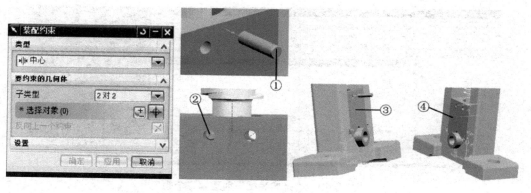

图 10.36　销与滑块"中心"装配类型的"2 对 2"约束

(7) 镜像装配，装配另一个"销"。在"装配"工具栏中单击"镜像装配"按钮 ，系统弹出"镜像装配向导"对话框；单击"下一步"按钮后，在装配体上选择已经完成装配约束的组件"销(xiao)"，如图 10.38 所示；装配模型实现"静态线框"显示，选择坐标系基准平面 *XC-ZC* 为"镜像平面"，如图 10.39 所示；依次单击"下一步"和"精加工"按钮，完成销的"镜像装配"，操作结果如图 10.40 所示。

图 10.37　完成第一个销的装配约束

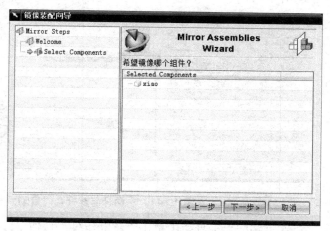

图 10.38　"镜像装配向导"对话框

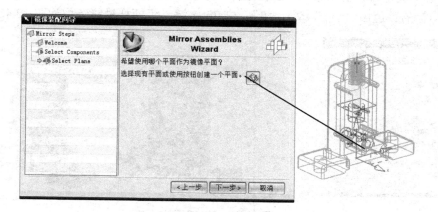

图 10.39　选择"镜像平面"

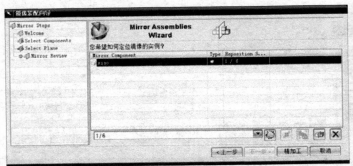

图 10.40 "镜像装配"创建第二个销

(8) 添加组件"shoubing1"，装配"手柄杆"。按前述类似步骤进行"添加组件"操作，添加的部件为敲扁前的手柄杆"shoubing1"。

在"接触对齐"装配类型的"方位"下拉列表框中，选择"自动判断中心/轴"选项；在"组件预览"窗口中选择手柄杆的外圆柱面，如图 10.41 中①所示；在绘图区选择螺杆孔的内圆柱面，如图 10.41 中②所示；单击"确定"按钮，手柄杆的初步定位结果如图 10.41 中③所示。

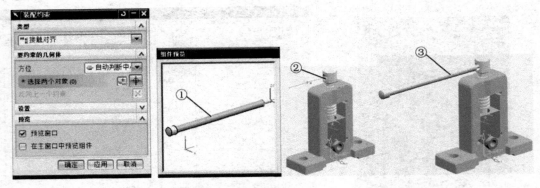

图 10.41 手柄杆与螺杆孔"自动判断中心/轴"装配约束

在"装配"工具栏中单击"移动组件"按钮 ，系统弹出"移动组件"对话框，系统默认"动态"类型，并自动激活"选择组件"按钮；在绘图区选择手柄杆，单击鼠标中键，将"Y"坐标的数值由"-77"改为"0"，按 Enter 键，手柄杆最终定位如图 10.42 所示。

图 10.42 移动手柄杆

(8) 添加组件"taoquan"，装配"套圈"。按前述类似步骤进行"添加组件"操作，添加部件套圈"taoquan"。打开的部件在"组件预览"窗口中显示并弹出"装配约束"对话框，接受默认装配方位"首选接触"，如图 10.43 中①所示；在"组件预览"窗口中选择套圈的端面，如图 10.43 中②所示；在绘图区选择手柄杆的端面，如图 10.43 中③所示。在"方位"下拉列表框中，选择"自动判断中心/轴"选项，如图 10.43 中④所示；在"组件预览"窗中选择套圈的内圆柱面，如图 10.43 中⑤所示；在绘图区选择手柄杆的外圆柱面，如图 10.43 中⑥所示；单击"确定"按钮，套圈的装配定位结果如图 10.43 中⑦所示。

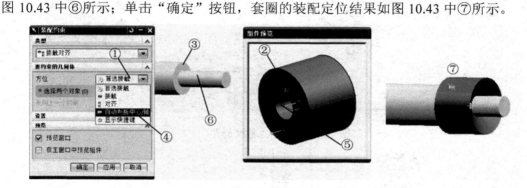

图 10.43　套圈与手柄杆装配约束

(9) 替换组件，将手柄杆替换为敲扁的手柄杆"shoubing2"。在实际装配中，需要敲打手柄杆，使其变形，使其不易从螺杆中滑出。在此，用替换组件命令完成这项工作。执行"装配"|"组件"|"替换组件"命令，系统弹出"替换组件"对话框，并自动激活"要替换的组件"选项，在绘图区选择手柄杆(shoubing1)，如图 10.44 所示。单击"替换部件"选项区域的"选择部件"选项，打开敲扁的手柄杆"shoubing2"，单击 OK 按钮，如图 10.45 所示。单击"替换组件"对话框中的"确定"按钮，替换结果如图 10.46 所示。

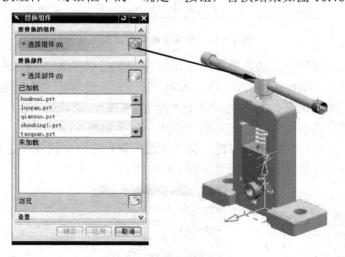

图 10.44　选择"要替换的组件"

(10) 修改装配约束，完成管钳装配。如图 10.46 所示，完成"替换组件"操作之后，装配导航器中的"约束"展开菜单出现三处出错标记✖，因替换部件"shoubing2"取代原先的"shoubing1"，与手柄杆的约束需要修改。

图 10.45　选择"替换部件"

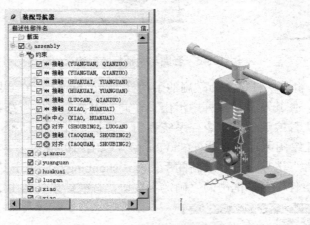

图 10.46　替换手柄杆的结果

修正手柄杆与螺杆的装配约束操作步骤如图 10.47 所示。双击装配导航器中"约束"展开菜单中的"对齐(SHOUBING2，LUOGAN)"选项，系统弹出"装配约束"对话框，选择绘图区中替换后的手柄杆外圆柱面；单击"确定"按钮，消除约束出错标记。采用同样方法，修改其他两个错误约束，修正后的"约束"显示如图 10.48 所示。

选择"约束"菜单，单击鼠标右键，将"在图形窗口中显示约束"选项前的 ✔ 取消选中，同时隐藏坐标系，管钳装配的结果如图 10.49 所示。

图 10.47　修正螺杆与手柄杆的装配约束　　　　视频 10.3

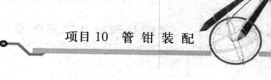

图 10.48　修正后的装配约束

图 10.49　管钳装配结果

### 10.4.2　创建爆炸图

（1）定义爆炸图名称。单击"装配"工具栏中"爆炸图"按钮 ，打开"爆炸图"工具栏，如图 10.50 所示。单击"爆炸图"工具栏中的"创建爆炸图"按钮 ，系统弹出"创建爆炸图"对话框，如图 10.51 所示，定义爆炸图的名称，系统默认"Explosion1"，单击"确定"按钮，"爆炸图"工具栏如图 10.52 所示。

图 10.50　"爆炸图"工具栏

图 10.51　"创建爆炸图"对话框

图 10.52　"爆炸图"工具栏

（2）自动爆炸组件。单击"爆炸图"工具栏中的"自动爆炸组件"按钮 ，系统弹出"类选择"对话框，如图 10.53 所示；进行选择对象操作，移动鼠标框选除钳座以外的所有组件，单击"类选择"对话框中的"确定"按钮；系统弹出"爆炸距离"对话框，在"距离"文本框中输入"140"，选中"添加间隙"复选框，如图 10.54 所示，单击"确定"按钮，生成爆炸图，如图 10.55 所示。

（3）编辑爆炸图。单击"爆炸图"工具栏中的"编辑爆炸图"按钮 ，系统弹出"编辑爆炸图"对话框，并自动激活"选择对象"按钮，在绘图区选择手柄杆，如图 10.56 所示。然后在"编辑爆炸图"对话框选中"移动对象"单选按钮，这时系统生成动态坐标系，拖动动态坐标系带动手柄杆移动一定距离后，单击"编辑爆炸图"对话框中的"确定"按钮，完成手柄杆的爆炸图编辑，如图 10.57 所示。类似地可移动其他组件位置，编辑爆炸图，结果如图 10.58 所示。

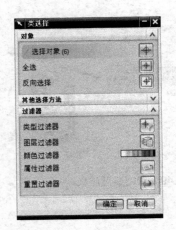

图 10.53　"类选择"对话框　　　　图 10.54　输入爆炸距离　　　　图 10.55　自动爆炸结果

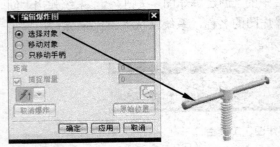

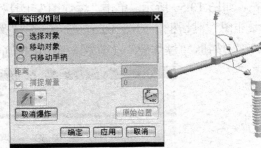

图 10.56　"编辑爆炸图"选择对象　　　　　　图 10.57　"编辑爆炸图"移动对象

(4) 取消爆炸组件。单击"爆炸图"工具栏中的"取消爆炸组件"按钮 ，系统弹出"类选择"对话框，在"类选择"对话框中单击"全选"按钮 ，绘图区的所有组件全部被选中，单击"类选择"对话框中的"确定"按钮，组件恢复到没爆炸前的状态，如图 10.59所示。

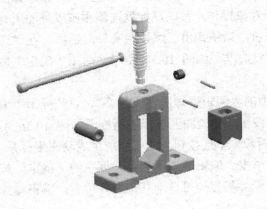

图 10.58　"编辑爆炸图"结果　 视频 10.58　　　　图 10.59　"取消爆炸组件"结果

### 10.4.3　创建装配工程图

(1) 进入制图环境。单击"开始"按钮，在其下拉菜单中选择"制图"选项，如图 10.60 所示；系统弹出"工作表"对话框，选择图纸"大小"为"A3-297×420"，在"投影"选项区域单击"第一象限角投影"按钮，其他参数设置如图 10.61 所示。

(2) 创建视图。综合运用"图纸"工具栏中的"基本视图"、"投影视图"和"剖视图"命令，创建视图并进行合理布局，如图 10.62 所示。

(3) 创建零件明细表并自动编号。单击"表格"工具栏的"零件明细表"按钮 ，系统自动弹出管钳装配体的零件明细表，如图 10.63 所示。选择图纸中的零件明细表，选择"表格"下拉菜单中的"自动符号标注"选项，如图 10.64 所示；系统弹出"零件明细表自动符号标注"对话框，选择"TFR-ISO@4"视图，如图 10.65 所示；完成自动符号标注，创建管钳装配工程图，如图 10.66 所示。

图 10.60　进入制图　　图 10.61　"工作表"设定

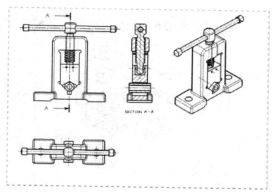

图 10.62　创建视图

图 10.63　创建零件明细表

图 10.64　选择"自动符号标注"选项

图 10.65　选择标注视图

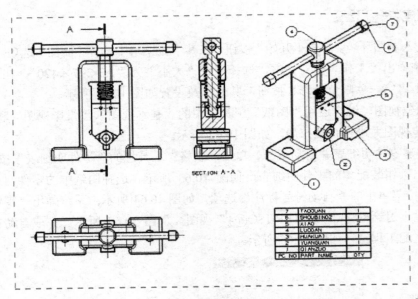

图 10.66　创建管钳装配工程图　　　　　　　　　🔘 视频 10.66

# 10.5　拓　展　实　训

根据如图 10.67 所示的旋塞阀装配要求，完成其装配，并创建图 10.68 所示的爆炸图。

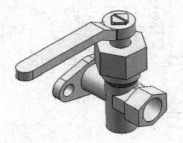

图 10.67　旋塞阀装配件

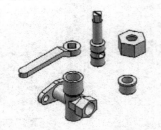

图 10.68　旋塞阀爆炸图　🔘 视频 10.68

# 10.6　任　务　小　结

　　本项目介绍了 UG NX 6 的装配功能和常用工具，包括装配术语和装配方法的认识，引用集和装配导航器的应用，添加组件、移动组件、替换组件等组件处理命令和装配约束等装配工具的使用，装配爆炸图的创建以及装配工程图的操作等，应锻炼综合应用能力，提高建模、装配和制图的熟练操作技能。

# 习　题

1. 选择题

(1) 装配设计的方法包括(　　)。

    A. 自顶向下装配　　　　　　　　B. 自底向上装配

    C. 混合装配　　　　　　　　　　D. 以上都是

(2) 在装配约束中配对类型共有 8 种，下列哪个图标代表"对齐"约束？(　　)

    A. ▶▷　　　　B. ▐└　　　　C. ◿　　　　D. ▶◀

(3) 先创建部件几何模型，再组合成子装配，最后生成装配部件的装配方法是(　　)。

    A. 自顶向下装配　　　　　　　　B. 自底向上装配

    C. 混合装配　　　　　　　　　　D. 以上都不是

(4) 在装配导航器中图标▢表示(　　)。

    A. 组件在工作部件内，被激活

    B. 组件在工作部件内，未被激活

    C. 组件不在工作部件内，未被激活

    D. 组件已被关闭

(5) 在装配导航器中符号●表示(　　)。

    A. 充分约束　　　B. 部分约束　　　C. 无约束　　　D. 延迟约束

(6) 以下哪个选项不是装配中"创建组件陈列"的陈列定义方式？(　　)

    A. 从实例特征　　　B. 线性　　　　C. 圆的　　　　D. 矩形

(7) 引用集在装配中可以简化某些组件的显示，以下哪个选项不是系统创建的引用集？(　　)

    A. 模型　　　　　B. 实体　　　　　C. 空　　　　　D. 整个部件

(8) 在装配约束中配对类型共有 8 种，下列哪个图标代表"距离"约束？(　　)

    A. ▶◀　　　　B. ╱╱　　　　C. ▐▌▌　　　　D. ▐┴▌

2. 操作题

综合运用装配操作及工程制图命令，完成限位顶杆机构的装配及工程制图，如图 10.69～图 10.71 所示。

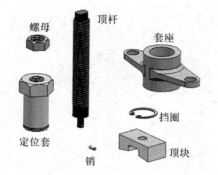

**图 10.69　限位顶杆机构组件**

**图 10.70　限位顶杆机构装配体**

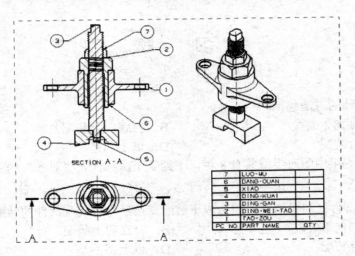

| 7 | LUO-WU | 1 |
|---|---|---|
| 6 | DANG-QUAN | 1 |
| 5 | XIAO | 1 |
| 4 | DING-KUAI | 1 |
| 3 | DING-GAN | 1 |
| 2 | DING-WEI-TAO | 1 |
| 1 | TAO-ZOU | 1 |
| PC NO | PART NAME | QTY |

图 10.71  限位顶杆机构装配工程图          ● 视频 10.71

# 模块五

## 企业案例综合实践

# 自动送料冲压机构建模与装配

### 学习目标

通过本项目的学习，了解 UG NX 6 在企业工程案例中的应用，掌握典型机构的建模和装配的综合应用，提高机构总体装配关系综合分析能力。通过团队合作分工，按照零件图要求，完成机构组成零件的草图绘制和实体建模；按照装配要求，完成自动送料冲压机构的子装配和总体装配。

### 学习要求

| 能力目标 | 知识要点 | 权重 |
|---|---|---|
| 认识 UG NX 6 在企业工程案例中的应用，掌握典型机构的建模和装配的综合应用 | 掌握 UG NX 6 建模与装配的综合应用方法 | 20% |
| 按照零件图要求，完成机构组成零件的草图绘制和实体建模 | 掌握草图绘制与实体建模的操作技巧，完成零件的正确建模 | 50% |
| 按照装配要求，完成自动送料冲压机构的子装配和总体装配 | 掌握装配操作方法，完成自动送料冲压机构的各级装配 | 30% |

### 引例

图 11.1 所示的自动送料冲压机构是一种非标自动化设备，由苏州瑞思机电科技有限公司根据用户的用途需要自行设计制作。该机构的前期设计需要运用 UG CAD 进行建模与装配。UG NX 包括了世界上最强大、最广泛的产品设计应用模块，为产品技术革新的工业设计提供了强有力的解决方案，工业设计师借助 UG 软件能够迅速地建立和改进复杂的产品形状，并且使用先进的渲染和可视化工具来最大限度地满足设计概念的审美要求。

图 11.1　自动送料冲压机构实际应用

# 11.1　任 务 导 入

自动送料冲压机构的三维模型总体装配如图 11.2 所示。该机构组成元件的品种和数量较多，该项目可以通过团队分工合作完成，要求对 UG 的建模以及装配的基本命令能够熟练运用，同时了解到建模以及装配模块的一些高级命令及其运用，有兴趣的同学可以自主探索 UG 运动仿真方面的基本功能。

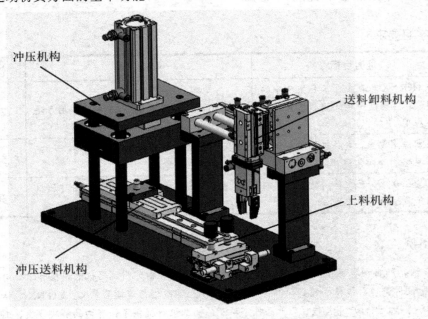

图 11.2　自动送料冲压机构装配模型

## 11.2　任 务 分 析

　　如图 11.2 所示，自动送料冲压机构由 4 部分组成，分别为上料机构、送料卸料机构、冲压送料机构、冲压机构，各个组成部分又由若干零件组成。本项目任务可以采用自底向上装配方法，首先创建各零部件的三维模型，然后进入装配模块，完成各工位的子装配，最后完成总装。对某些气缸、管接头等标准件可以采用引用素材的方法实现装配。

## 11.3　建模与装配操作

　　自动送料冲压机构中非标准零件建模命名及安装位置见表 11-1。素材库中，标准件的名称、型号及文件名见表 11.2。

表 11-1　非标准零件编号及安装位置

| 零件名称 | 建模文件命名 | 安装位置 |
|---|---|---|
| 料 | 001 | 上料机构<br>(ASM_1) |
| 料固定块 | 002 | |
| 料放置台 | 003 | |
| 气缸固定板 | 004 | |
| 气缸连接块 1 | 005 | 送料卸料机构<br>(ASM_2) |
| 气缸连接块 2 | 006 | |
| 气缸连接板 | 007 | |
| 气缸支撑块 3 | 008 | |
| 气缸支撑块 2 | 009 | |
| 气缸支撑块 1 | 010 | |
| 气缸连接块 3 | 011 | |
| 气缸连接块 4 | 012 | |
| 夹爪 | 019 | |
| 工件放置台 | 013 | 冲压送料机构(ASM_3) |
| 气缸固定板 | 014 | 冲压机构<br>(ASM_4) |
| 模具固定块 | 015 | |
| 导杆 | 016 | |
| 模具 | 017 | |
| 机构总底板 | 018 | 自动送料冲压机构总装(ASM) |

表 11-2　标准件名称及文件名

| 零部件名称 | 零部件型号 | 文件名 |
|---|---|---|
| 滑台气缸 1 | LCR_8_30_F2H_D_A5 | LCR_8_30_F2H_D_A5_ASM |
| 夹爪气缸 | BHA_01CS1 | BHA_01CS1_ASM |
| 滑台气缸 2 | LCR_8_30_F2H_D | LCR_8_30_F2H_D_ASM |
| 防回转气缸 | STG_B_12_30_T0H-D | STG_B_12_30_T0H-D_ASM |
| 磁性无活塞杆气缸 | MRL2_GLF_10C_150_T2H_D_C | MRL2_GLF_10C_150_T2H_D_C_ASM |
| 线性滑动气缸 | LCT_12_100_T0H_D_A | LCT_12_100_T0H_D_A_ASM |
| 防坠落气缸 | SSD2_QL_32_50_H_T0H_D_N_FA | SSD2_QL_32_50_H_T0H_D_N_FA_ASM |
| 卡箍 1 | FK_M14_N | KANAGU_1_FK_M14_N |
| 卡箍 2 | FK_M14 | KANAGU_2_FK_M14 |
| 直线轴承 | LMUT16 | LMUT16 |
| 节流阀 1 | SC3W_M3_4 | SC3W_M3_4 |
| 节流阀 2 | SC3W_M5_4 | SC3W_M5_4 |
| 节流阀 3 | SC3W_6_4 | SC3W_6_4 |

### 11.3.1　上料机构的建模与装配

上料机构主要由料、料固定块、料放置台、气缸固定板、滑台气缸 1 和节流阀 2 组成，其中滑台气缸 1(LCR_8_30_F2H_D_A5_ASM)和节流阀 2(SC3W_M5_4)属于标准件，其模型可从素材库提取。上料机构的装配模型如图 11.3 所示。

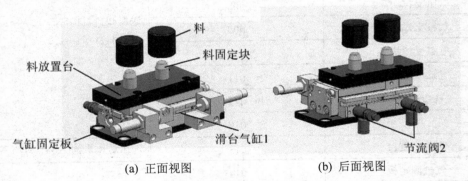

(a) 正面视图　　　　　　　　(b) 后面视图

图 11.3　上料机构(ASM_1)　　　　　　🔴 视频 11.3

**1. 料**

上料机构中的组件"料"的零件图和模型如图 11.4 所示，建模文件命名为"001"。

**2. 料固定块**

上料机构中的组件"料固定块"的零件图和模型如图 11.5 所示，建模文件命名为"002"。

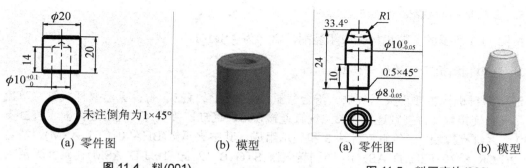

图 11.4　料(001)

图 11.5　料固定块(002)

## 3. 料放置台

上料机构中的组件"料放置台"的零件图和模型如图 11.6 所示,建模文件命名为"003"。

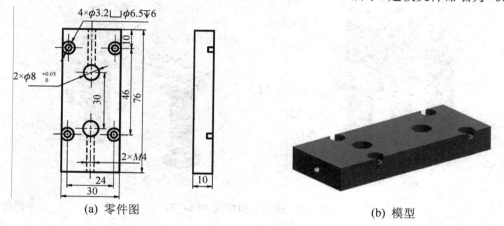

图 11.6　料放置台(003)

## 4. 气缸固定板

上料机构中的组件"气缸固定板"的零件图和模型如图 11.7 所示,建模文件命名为"004"。

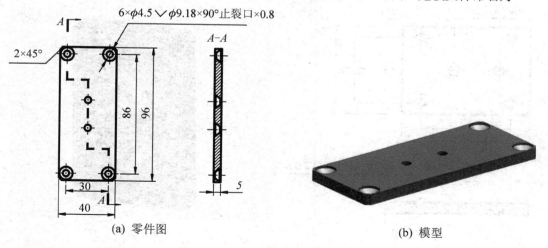

图 11.7　气缸固定板(004)

**5. 上料机构的装配**

按图 11.3 所示的上料机构完成子装配，命名为 ASM_1。

### 11.3.2 送料卸料机构的建模与装配

送料卸料机构主要由夹爪气缸、滑台气缸 2、防回转气缸、磁性无活塞杆气缸、节流阀 2、气缸连接块 1、气缸连接块 2、气缸连接块 3、气缸连接块 4、气缸连接板、气缸支撑块 1、气缸支撑块 2、气缸支撑块 3 和夹爪组成，其中夹爪缸(BHA_01CS1_ASM)、滑台气缸 2(LCR_8_30_F2H_D_ASM)、防回转气缸(STG_B_12_30_T0H-D_ASM)、磁性无活塞杆气缸(MRL2_GLF_10C_150_T2H_D_C_ASM)和节流阀 2 属于标准件，其模型可从素材库提取。送料卸料机构的装配模型如图 11.8 所示。

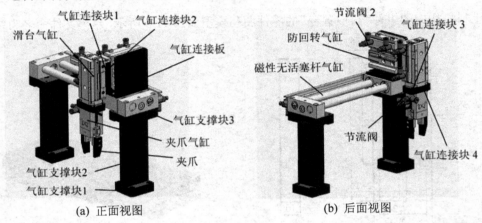

(a) 正面视图      (b) 后面视图

**图 11.8 送料卸料机构(ASM_2)**    🔴 视频 11.8

**1. 气缸连接块 1**

送料卸料机构中的组件"气缸连接块 1"的零件图和模型如图 11.9 所示，建模文件命名为"005"。

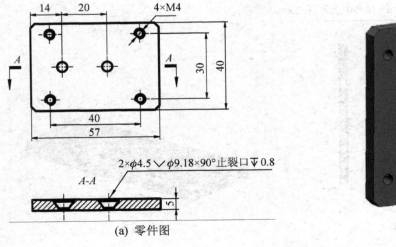

(a) 零件图          (b) 模型

**图 11.9 气缸连接块 1(005)**

## 2. 气缸连接块 2

送料卸料机构中的组件"气缸连接块 2"的零件图和模型如图 11.10 所示，建模文件命名为"006"。

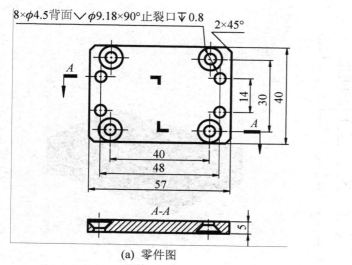

(a) 零件图　　　　　　　　　　　　　(b) 模型

图 11.10　气缸连接块 2(006)

## 3. 气缸连接板

送料卸料机构中的组件"气缸连接板"的零件图和模型如图 11.11 所示，建模文件命名为"007"。

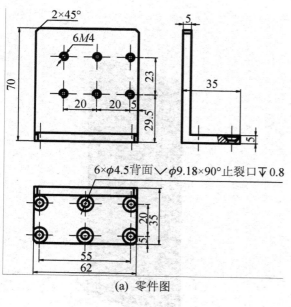

(a) 零件图　　　　　　　　　　　　　(b) 模型

图 11.11　气缸连接板(007)

三维机械设计项目教程(UG 版)

## 4. 气缸支撑块 3

送料卸料机构中的组件"气缸支撑块 3"的零件图和模型如图 11.12 所示,建模文件命名为"008"。

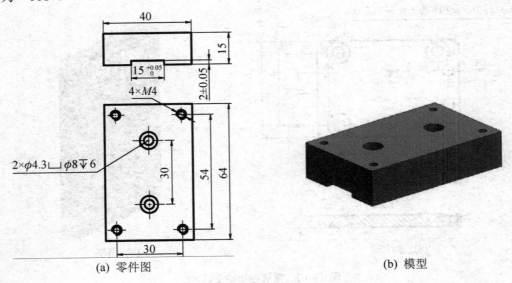

(a) 零件图　　　　(b) 模型

图 11.12　气缸支撑块 3(008)

## 5. 气缸支撑块 2

送料卸料机构中的组件"气缸支撑块 2"的零件图和模型如图 11.13 所示,建模文件命名为"009"。

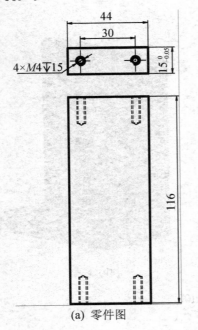

(a) 零件图　　　　(b) 模型

图 11.13　气缸支撑块 2(009)

### 6. 气缸支撑块 1

送料卸料机构中的组件"气缸支撑块 1"的零件图和模型如图 11.14 所示，建模文件命名为"010"。

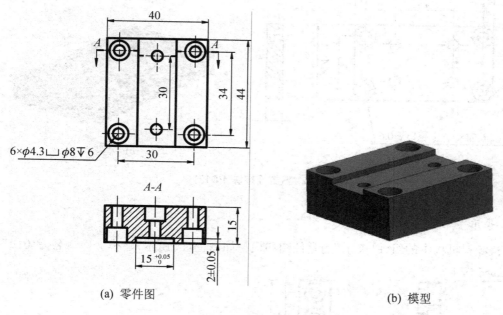

(a) 零件图　　　　　　　　　　　　　　(b) 模型

**图 11.14　气缸支撑块 1(010)**

### 7. 气缸连接块 3

送料卸料机构中的组件"气缸连接块 3"的零件图和模型如图 11.15 所示，建模文件命名为"011"。

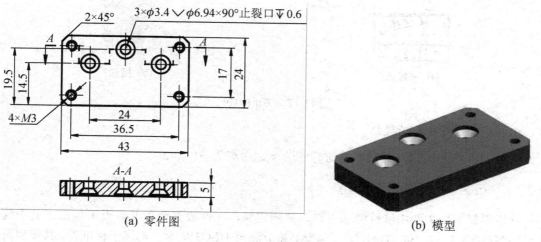

(a) 零件图　　　　　　　　　　　　　　(b) 模型

**图 11.15　气缸连接块 3(011)**

### 8. 气缸连接块 4

送料卸料机构中的组件"气缸连接块 4"的零件图和模型如图 11.16 所示，建模文件命名为"012"。

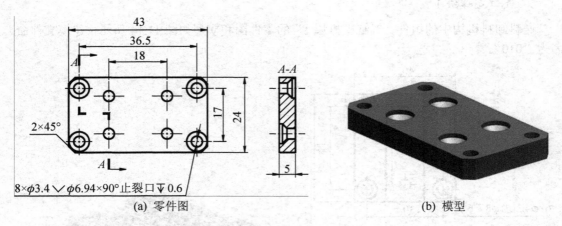

图 11.16  气缸连接块 4(012)

### 9. 夹爪

送料卸料机构中的组件"夹爪"的零件图和模型如图 11.17 所示,建模文件命名为"019"。

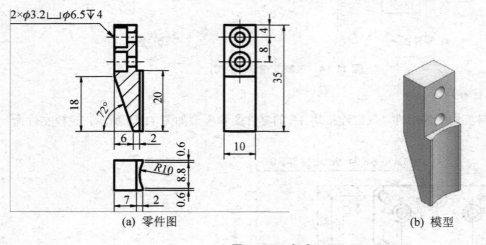

图 11.17  夹爪(019)

### 10. 送料卸料机构的装配

按图 11.8 所示的送料卸料机构进行子装配,命名为 ASM_2。

### 11.3.3  冲压送料机构的建模与装配

冲压送料机构主要由线性滑动气缸、料固定块、工件放置台和节流阀 1 组成,其中线性滑动气缸(LCT_12_100_T0H_D_A_ASM)和节流阀 1(SC3W_M3_4)属于标准件,其模型可从素材库提取。料固定块(002)的零件图和模型如图 11.5 所示。冲压送料机构的装配模型如图 11.18 所示。

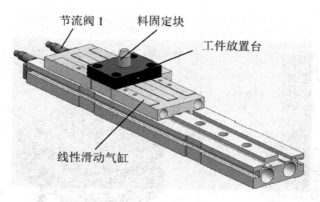

节流阀 1　料固定块　工件放置台

线性滑动气缸

**图 11.18　冲压送料机构(ASM_3)**　　　　视频 11.18

### 1. 工件放置台

冲压送料机构中"工件放置台"的零件图和模型如图 11.19 所示,建模文件命名为"013"。

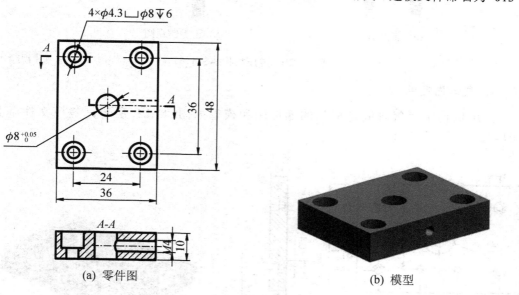

(a) 零件图　　　　　　　　(b) 模型

**图 11.19　工件放置台(013)**

### 2. 送料卸料机构的装配

按图 11.18 所示的冲压送料机构进行子装配,命名为 ASM_3。

### 11.3.4　冲压机构的建模与装配

冲压机构主要由防坠落气缸、直线轴承、卡箍 1、卡箍 2、节流阀 3、气缸固定板、模具固定块、导杆和模块组成,其中防坠落气缸(SSD2_QL_32_50_H_T0H_D_N_FA)、卡箍 1(KANAGU_1_FK_M14_N)、卡箍 2(KANAGU_2_FK_M14)、直线轴承(LMUT16)和节流阀 3(SC3W_6_4)属于标准件,其模型可从素材库提取。冲压机构的装配模型如图 11.20 所示。

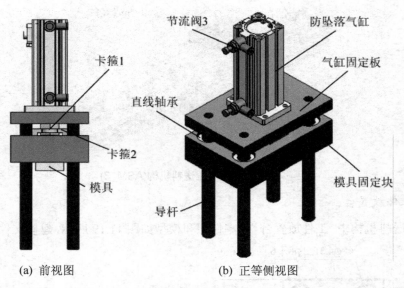

(a) 前视图        (b) 正等侧视图

图 11.20　冲压机构(ASM_4)      🔴 视频 11.20

### 1. 气缸固定板

冲压机构中"气缸固定板"的零件图和模型如图 11.21 所示，建模文件命名为"014"。

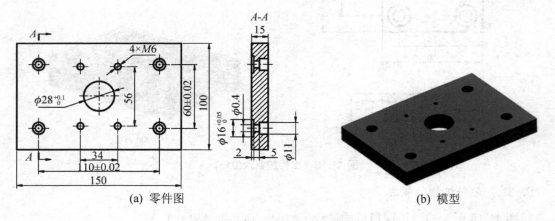

(a) 零件图        (b) 模型

图 11.21　气缸固定板(014)

### 2. 模具固定块

冲压机构中"模具固定块"的零件图和模型如图 11.22 所示，建模文件命名为"015"。

### 3. 导杆

冲压机构中"导杆"的零件图和模型如图 11.23 所示，建模文件命名为"016"。

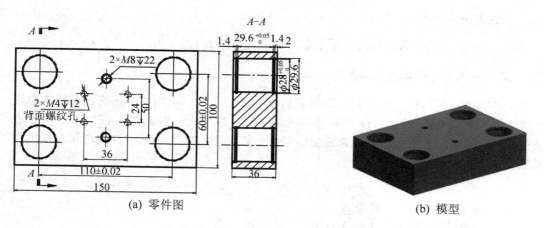

(a) 零件图

(b) 模型

图 11.22  磨具固定块(015)

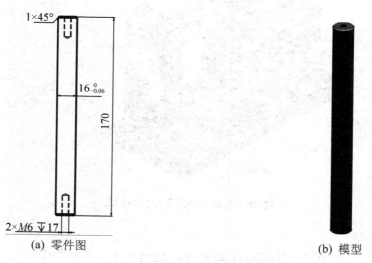

(a) 零件图

(b) 模型

图 11.23  导杆(016)

4. 模具

冲压机构中"模具"的零件图和模型如图 11.24 所示，建模文件命名为"017"。

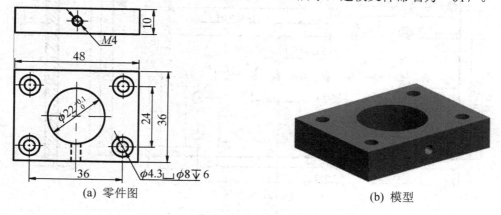

(a) 零件图

(b) 模型

图 11.24  模具(017)

5. 冲压机构的装配

按图 11.20 所示的冲压机构进行子装配,命名为 ASM_4。

### 11.3.5 自动送料冲压机构的总装配

自动送料冲压机构由上料机构、送料卸料机构、冲压送料机构、冲压机构和机构总底板组成,其中上料机构(ASM_1)、送料卸料机构(ASM_2)、冲压送料机构(ASM_3)、冲压机构(ASM_4)已经完成子装配,完成总装配时可以直接调用这些子装配。自动送料冲压机构的装配模型如图 11.25 所示。

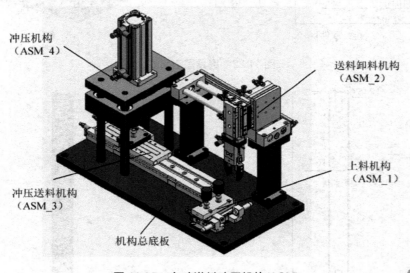

图 11.25 自动送料冲压机构(ASM)      🔘视频 11.25

1. 机构总底板

机构总底板的零件图和模型如图 11.26 所示,建模文件命名为"018"。

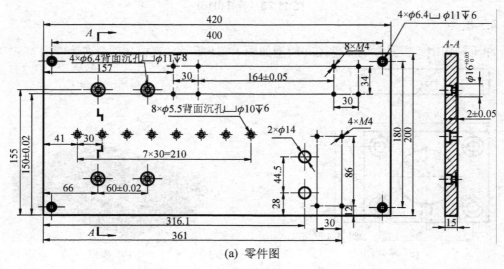

(a) 零件图

图 11.26 机构总底板(018)

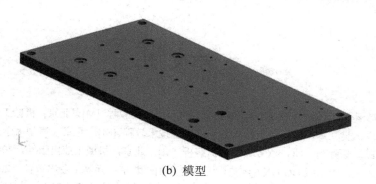

(b) 模型

**图 11.26　机构总底板(018)(续)**

2. 自动送料冲压机构的总装配

　　先将"机构总底板"以"绝对原点"方式装配，然后分别装配"上料机构"(ASM_1)、"送料卸料机构"(ASM_2)、"冲压送料机构"(ASM_3)和"冲压机构"(ASM_4)，最后完成自动送料冲压机构的总装配，命名为 ASM，结果如图 11.25 所示。

# 11.4　任 务 小 结

　　通过企业案例项目综合实训，了解自动化设备设计步骤，区分标准件和非标准件，熟练运用 UG 建模命令完成非标准零件的建模设计，运用 UG 装配功能完成机构的子装配和总装配，对 UG 软件在企业工程项目中的具体应用有一定的体验。

# 参 考 文 献

[1] 胡仁喜，刘昌丽，康士廷. UG NX 6.0 中文版快速入门实例教程 [M]. 北京：机械工业出版社，2010.

[2] 苗盈，李志广，吴立军，林峰. UG NX 6 三维造型技术教程 [M]. 北京：清华大学出版社，2010.

[3] 江洪，肖爱民，陈胜利. UG NX 6 典型实例解析 [M]. 北京：机械工业出版社，2009.

[4] 赵生超，李锡江. 中文版 UG NX 6 经典学习手册 [M]. 北京：兵器工业出版社，2009.

[5] 慕灿. CAD/CAM 数控编程项目教程（UG 版）[M]. 北京：北京大学出版社，2010.

[6] 李志国，邵立新，孙江宏. UG NX 6 中文版机械设计与装配案例教程[M]. 北京：清华大学出版社，2009.

[7] 张治，洪雪. Unigraphics NX 三维工程设计与渲染教程[M]. 北京：清华大学出版社，2004.

[8] 张云杰，陈锋. UG NX 6.0 中文版工程图设计[M]. 北京：清华大学出版社，2010.

[9] 田卫军，李郁. UG NX 曲面建模实例教程[M]. 西安：西北工业大学出版社，2010.

[10] 吕瑛波，王影. 机械制图手册[M]. 北京：化学工业出版社，2009.

[11] 周开勤. 机械零件手册[M]. 北京：高等教育出版社，2001.

[12] 薛铜龙. 机械设计基础[M]. 北京：电子工业出版社，2011.

# 北京大学出版社高职高专机电系列规划教材

| 序号 | 书号 | 书名 | 编著者 | 定价 | 出版日期 |
|---|---|---|---|---|---|
| | | **机械类基础课** | | | |
| 1 | 978-7-301-10464-2 | 工程力学 | 余学进 | 18.00 | 2008.1 第3次印刷 |
| 2 | 978-7-301-13653-9 | 工程力学 | 武昭晖 | 25.00 | 2011.2 第3次印刷 |
| 3 | 978-7-301-13655-3 | 工程制图 | 马立克 | 32.00 | 2008.8 |
| 4 | 978-7-301-13654-6 | 工程制图习题集 | 马立克 | 25.00 | 2008.8 |
| 5 | 978-7-301-13574-7 | 机械制造基础 | 徐从清 | 32.00 | 2012.7 第3次印刷 |
| 6 | 978-7-301-13573-0 | 机械设计基础 | 朱凤芹 | 32.00 | 2008.8 |
| 7 | 978-7-301-13656-0 | 机械设计基础 | 时忠明 | 25.00 | 2012.7 第3次印刷 |
| 8 | 978-7-301-13662-1 | 机械制造技术 | 宁广庆 | 42.00 | 2010.11 第2次印刷 |
| 9 | 978-7-301-19848-3 | 机械制造综合设计及实训 | 裴俊彦 | 37.00 | 2013.4 |
| 10 | 978-7-301-19297-9 | 机械制造工艺及夹具设计 | 徐勇 | 28.00 | 2011.8 |
| 11 | 978-7-301-13260-9 | 机械制图 | 徐萍 | 32.00 | 2009.8 第2次印刷 |
| 12 | 978-7-301-13263-0 | 机械制图习题集 | 吴景淑 | 40.00 | 2009.10 第2次印刷 |
| 13 | 978-7-301-18357-1 | 机械制图 | 徐连孝 | 27.00 | 2012.9 第2次印刷 |
| 14 | 978-7-301-18143-0 | 机械制图习题集 | 徐连孝 | 20.00 | 2013.4 第2次印刷 |
| 15 | 978-7-301-15692-6 | 机械制图 | 吴百中 | 26.00 | 2012.7 第2次印刷 |
| 16 | 978-7-301-22916-3 | 机械图样的识读与绘制 | 刘永强 | 36.00 | 2013.8 |
| 17 | 978-7-301-23354-2 | AutoCAD 应用项目化实训教程 | 王利华 | 42.00 | 2014.1 |
| 18 | 978-7-301-17122-6 | AutoCAD 机械绘图项目教程 | 张海鹏 | 36.00 | 2013.8 第3次印刷 |
| 19 | 978-7-301-17573-6 | AutoCAD 机械绘图基础教程 | 王长忠 | 32.00 | 2013.8 第2次印刷 |
| 20 | 978-7-301-19010-4 | AutoCAD 机械绘图基础教程与实训(第2版) | 欧阳全会 | 36.00 | 2014.1 第3次印刷 |
| 21 | 978-7-301-24536-1 | 三维机械设计项目教程(UG版) | 龚肖新 | 45.00 | 2014.9 |
| 22 | 978-7-301-17609-2 | 液压传动 | 龚肖新 | 22.00 | 2010.8 |
| 23 | 978-7-301-20752-9 | 液压传动与气动技术(第2版) | 曹建东 | 40.00 | 2014.1 第2次印刷 |
| 24 | 978-7-301-13582-2 | 液压与气压传动技术 | 袁广 | 24.00 | 2013.8 第5次印刷 |
| 25 | 978-7-301-24381-7 | 液压与气动技术项目教程 | 武威 | 30.00 | 2014.8 |
| 26 | 978-7-301-19436-2 | 公差与测量技术 | 余健 | 25.00 | 2011.9 |
| 27 | 978-7-5038-4861-2 | 公差配合与测量技术 | 南秀蓉 | 23.00 | 2011.12 第4次印刷 |
| 28 | 978-7-301-19374-7 | 公差配合与技术测量 | 庄佃霞 | 26.00 | 2013.8 第2次印刷 |
| 29 | 978-7-301-13652-2 | 金工实训 | 柴增田 | 22.00 | 2013.1 第4次印刷 |
| 30 | 978-7-301-13651-5 | 金属工艺学 | 柴增田 | 27.00 | 2011.6 第2次印刷 |
| 31 | 978-7-301-17608-5 | 机械加工工艺编制 | 于爱武 | 45.00 | 2012.2 第2次印刷 |
| 32 | 978-7-301-23868-4 | 机械加工工艺编制与实施(上册) | 于爱武 | 42.00 | 2014.3 |
| 33 | 978-7-301-24546-0 | 机械加工工艺编制与实施(下册) | 于爱武 | 42.00 | 2014.7 |
| 34 | 978-7-301-21988-1 | 普通机床的检修与维护 | 宋亚林 | 33.00 | 2013.1 |
| 35 | 978-7-5038-4869-8 | 设备状态监测与故障诊断技术 | 林英志 | 22.00 | 2011.8 第3次印刷 |
| 36 | 978-7-301-22116-7 | 机械工程专业英语图解教程(第2版) | 朱派龙 | 48.00 | 2013.9 |
| 37 | 978-7-301-23198-2 | 生产现场管理 | 金建华 | 38.00 | 2013.9 |
| | | **数控技术类** | | | |
| 1 | 978-7-301-17707-5 | 零件加工信息分析 | 谢蕾 | 46.00 | 2010.8 |
| 2 | 978-7-301-17148-6 | 普通机床零件加工 | 杨雪青 | 26.00 | 2013.8 第2次印刷 |
| 3 | 978-7-301-17679-5 | 机械零件数控加工 | 李文 | 38.00 | 2010.8 |
| 4 | 978-7-301-13659-1 | CAD/CAM 实体造型教程与实训(Pro/ENGINEER版) | 诸小丽 | 38.00 | 2014.7 第4次印刷 |

| 序号 | 书号 | 书名 | 编著者 | 定价 | 出版日期 |
|---|---|---|---|---|---|
| 5 | 978-7-301-17557-6 | CAD/CAM 数控编程项目教程(UG 版)(第 2 版) | 慕 灿 | 45.00 | 2014.8 第 1 次印刷 |
| 6 | 978-7-5038-4865-0 | CAD/CAM 数控编程与实训(CAXA 版) | 刘玉春 | 27.00 | 2011.2 第 3 次印刷 |
| 7 | 978-7-301-21873-0 | CAD/CAM 数控编程项目教程(CAXA 版) | 刘玉春 | 42.00 | 2013.3 |
| 8 | 978-7-301-13261-6 | 微机原理及接口技术(数控专业) | 程 艳 | 32.00 | 2008.1 |
| 9 | 978-7-5038-4866-7 | 数控技术应用基础 | 宋建武 | 22.00 | 2010.7 第 2 次印刷 |
| 10 | 978-7-301-13262-3 | 实用数控编程与操作 | 钱东东 | 32.00 | 2013.8 第 4 次印刷 |
| 11 | 978-7-301-14470-1 | 数控编程与操作 | 刘瑞已 | 29.00 | 2011.2 第 2 次印刷 |
| 12 | 978-7-301-20312-5 | 数控编程与加工项目教程 | 周晓宏 | 42.00 | 2012.3 |
| 13 | 978-7-301-23898-1 | 数控加工编程与操作实训教程(数控车分册) | 王忠斌 | 36.00 | 2014.6 |
| 14 | 978-7-301-20945-5 | 数控铣削技术 | 陈晓罗 | 42.00 | 2012.7 |
| 15 | 978-7-301-21053-6 | 数控车削技术 | 王军红 | 28.00 | 2012.8 |
| 16 | 978-7-301-17398-5 | 数控加工技术项目教程 | 李东君 | 48.00 | 2010.8 |
| 17 | 978-7-301-21119-9 | 数控机床及其维护 | 黄应勇 | 38.00 | 2012.8 |
| 18 | 978-7-301-20002-5 | 数控机床故障诊断与维修 | 陈学军 | 38.00 | 2012.1 |
| **模具设计与制造类** | | | | | |
| 1 | 978-7-301-13258-6 | 塑模设计与制造 | 晏志华 | 38.00 | 2007.8 |
| 2 | 978-7-301-23892-9 | 注射模设计方法与技巧实例精讲 | 邹继强 | 54.00 | 2014.2 |
| 3 | 978-7-301-24432-6 | 注射模典型结构设计实例图集 | 邹继强 | 54.00 | 2014.6 |
| 4 | 978-7-301-18471-4 | 冲压工艺与模具设计 | 张 芳 | 39.00 | 2011.3 |
| 5 | 978-7-301-19933-6 | 冷冲压工艺与模具设计 | 刘洪贤 | 32.00 | 2012.1 |
| 6 | 978-7-301-20414-6 | Pro/ENGINEER Wildfire 产品设计项目教程 | 罗 武 | 31.00 | 2012.5 |
| 7 | 978-7-301-16448-8 | Pro/ENGINEER Wildfire 设计实训教程 | 吴志清 | 38.00 | 2012.8 |
| 8 | 978-7-301-22678-0 | 模具专业英语图解教程 | 李东君 | 22.00 | 2013.7 |
| **电气自动化类** | | | | | |
| 1 | 978-7-301-18519-3 | 电工技术应用 | 孙建领 | 26.00 | 2011.3 |
| 2 | 978-7-301-17569-9 | 电工电子技术项目教程 | 杨德明 | 32.00 | 2012.4 第 2 次印刷 |
| 3 | 978-7-301-22546-2 | 电工技能实训教程 | 韩亚军 | 22.00 | 2013.6 |
| 4 | 978-7-301-22923-1 | 电工技术项目教程 | 徐超明 | 38.00 | 2013.8 |
| 5 | 978-7-301-12390-4 | 电力电子技术 | 梁南丁 | 29.00 | 2010.7 第 2 次印刷 |
| 6 | 978-7-301-17730-3 | 电力电子技术 | 崔 红 | 23.00 | 2010.9 |
| 7 | 978-7-301-12182-5 | 电工电子技术 | 李艳新 | 29.00 | 2007.8 |
| 8 | 978-7-301-19525-3 | 电工电子技术 | 倪 涛 | 38.00 | 2011.9 |
| 9 | 978-7-301-12392-8 | 电工与电子技术基础 | 卢菊洪 | 28.00 | 2007.9 |
| 10 | 978-7-301-16830-1 | 维修电工技能与实训 | 陈学平 | 37.00 | 2010.7 |
| 11 | 978-7-301-12180-1 | 单片机开发应用技术 | 李国兴 | 21.00 | 2010.9 第 2 次印刷 |
| 12 | 978-7-301-20000-1 | 单片机应用技术教程 | 罗国荣 | 40.00 | 2012.2 |
| 13 | 978-7-301-21055-0 | 单片机应用项目化教程 | 顾亚文 | 32.00 | 2012.8 |
| 14 | 978-7-301-17489-0 | 单片机原理及应用 | 陈高锋 | 32.00 | 2012.9 |
| 15 | 978-7-301-24281-0 | 单片机技术及应用 | 黄贻培 | 30.00 | 2014.7 |
| 16 | 978-7-301-22390-1 | 单片机开发与实践教程 | 宋玲玲 | 24.00 | 2013.6 |
| 17 | 978-7-301-17958-1 | 单片机开发入门及应用实例 | 熊华波 | 30.00 | 2011.1 |
| 18 | 978-7-301-16898-1 | 单片机设计应用与仿真 | 陆旭明 | 26.00 | 2012.4 第 2 次印刷 |

| 序号 | 书号 | 书名 | 编著者 | 定价 | 出版日期 |
|---|---|---|---|---|---|
| 19 | 978-7-301-19302-0 | 基于汇编语言的单片机仿真教程与实训 | 张秀国 | 32.00 | 2011.8 |
| 20 | 978-7-301-12181-8 | 自动控制原理与应用 | 梁南丁 | 23.00 | 2012.1 第 3 次印刷 |
| 21 | 978-7-301-19638-0 | 电气控制与 PLC 应用技术 | 郭 燕 | 24.00 | 2012.1 |
| 22 | 978-7-301-18622-0 | PLC 与变频器控制系统设计与调试 | 姜永华 | 34.00 | 2011.6 |
| 23 | 978-7-301-19272-6 | 电气控制与 PLC 程序设计(松下系列) | 姜秀玲 | 36.00 | 2011.8 |
| 24 | 978-7-301-12383-6 | 电气控制与 PLC(西门子系列) | 李 伟 | 26.00 | 2012.3 第 2 次印刷 |
| 25 | 978-7-301-18188-1 | 可编程控制器应用技术项目教程(西门子) | 崔维群 | 38.00 | 2013.6 第 2 次印刷 |
| 26 | 978-7-301-23432-7 | 机电传动控制项目教程 | 杨德明 | 40.00 | 2014.1 |
| 27 | 978-7-301-12382-9 | 电气控制及 PLC 应用(三菱系列) | 华满香 | 24.00 | 2012.5 第 2 次印刷 |
| 28 | 978-7-301-14469-5 | 可编程控制器原理及应用（三菱机型） | 张玉华 | 24.00 | 2009.3 |
| 29 | 978-7-301-22315-4 | 低压电气控制安装与调试实训教程 | 张 郭 | 24.00 | 2013.4 |
| 30 | 978-7-301-24433-3 | 低压电器控制技术 | 肖朋生 | 34.00 | 2014.7 |
| 31 | 978-7-301-22672-8 | 机电设备控制基础 | 王本轶 | 32.00 | 2013.7 |
| 32 | 978-7-301-18770-8 | 电机应用技术 | 郭宝宁 | 33.00 | 2011.5 |
| 33 | 978-7-301-23822-6 | 电机与电气控制 | 郭夕琴 | 34.00 | 2014.8 |
| 34 | 978-7-301-17324-4 | 电机控制与应用 | 魏润仙 | 34.00 | 2010.8 |
| 35 | 978-7-301-21269-1 | 电机控制与实践 | 徐 锋 | 34.00 | 2012.9 |
| 36 | 978-7-301-12389-8 | 电机与拖动 | 梁南丁 | 32.00 | 2011.12 第 2 次印刷 |
| 37 | 978-7-301-18630-5 | 电机与电力拖动 | 孙英伟 | 33.00 | 2011.3 |
| 38 | 978-7-301-16770-0 | 电机拖动与应用实训教程 | 任娟平 | 36.00 | 2012.11 |
| 39 | 978-7-301-22632-2 | 机床电气控制与维修 | 崔兴艳 | 28.00 | 2013.7 |
| 40 | 978-7-301-22917-0 | 机床电气控制与 PLC 技术 | 林盛昌 | 36.00 | 2013.8 |
| 41 | 978-7-301-18470-7 | 传感器检测技术及应用 | 王晓敏 | 35.00 | 2012.7 第 2 次印刷 |
| 42 | 978-7-301-20654-6 | 自动生产线调试与维护 | 吴有明 | 28.00 | 2013.1 |
| 43 | 978-7-301-21239-4 | 自动生产线安装与调试实训教程 | 周 洋 | 30.00 | 2012.9 |
| 44 | 978-7-301-24455-5 | 电力系统自动装置（第 2 版） | 王 伟 | 26.00 | 2014.8 |
| 45 | 978-7-301-18852-1 | 机电专业英语 | 戴正阳 | 28.00 | 2013.8 第 2 次印刷 |
| 46 | 978-7-301-24507-1 | 电工技术与技能 | 王 平 | 42.00 | 2014.8 第 1 次印刷 |
| 47 | 978-7-301-24589-7 | 光伏发电系统的运行与维护 | 付新春 | 30.00 | 2014.8.1 |

相关教学资源如电子课件、电子教材、习题答案等可以登录 www.pup6.com 下载或在线阅读。

扑六知识网(www.pup6.com)有海量的相关教学资源和电子教材供阅读及下载(包括北京大学出版社第六事业部的相关资源)，同时欢迎您将教学课件、视频、教案、素材、习题、试卷、辅导材料、课改成果、设计作品、论文等教学资源上传到 pup6.com，与全国高校师生分享您的教学成就与经验，并可自由设定价格，知识也能创造财富。具体情况请登录网站查询。

如您需要免费纸质样书用于教学，欢迎登录第六事业部门户网(www.pup6.cn)填表申请，并欢迎在线登记选题以到北京大学出版社来出版您的大作，也可下载相关表格填写后发到我们的邮箱，我们将及时与您取得联系并做好全方位的服务。

扑六知识网将打造成全国最大的教育资源共享平台，欢迎您的加入——让知识有价值，让教学无界限，让学习更轻松。
联系方式：010-62750667，xc96181@163.com，欢迎来电来信。